电气与电子工程技术丛书

电力系统机组组合问题的
建模与求解

杨 楠 著

国家自然科学基金项目
考虑交流潮流安全约束的随机确定性耦合电力系统机组
组合模型及数据求解方法研究
（51607104）

科 学 出 版 社

北 京

内 容 简 介

机组组合问题的建模与求解作为电力系统领域一种典型的数学优化问题，是电力市场决策及电力系统日前调度的重要理论基础。本书重点介绍机组组合问题的背景及一些经典的模型，同时还介绍一些典型机组组合问题的建模和求解方法，包括常规电力系统的机组组合问题、考虑多重目标的机组组合问题和考虑不确定性的机组组合问题。另外，由于机组组合决策往往还需要一些不确定性电源的预测数据作为支撑，本书将介绍几种常见的不确定性电源出力预测方法。

本书既可作为电力市场和电力调度从业人员的参考工具书，也可供意图学习和研究电力系统领域数学优化问题的科研人员和学生参考。

图书在版编目（CIP）数据

电力系统机组组合问题的建模与求解/杨楠著. —北京：科学出版社，2020.8
（电气与电子工程技术丛书）
ISBN 978-7-03-065778-7

Ⅰ. ①电… Ⅱ. ①杨… Ⅲ. ①电力系统－机组－系统建模－研究
Ⅳ. ①TM74

中国版本图书馆 CIP 数据核字（2020）第 147198 号

责任编辑：吉正霞 曾 莉/责任校对：高 嵘
责任印制：张 伟/封面设计：苏 波

科学出版社 出版
北京东黄城根北街 16 号
邮政编码：100717
http://www.sciencep.com
北京凌奇印刷有限责任公司 印刷
科学出版社发行 各地新华书店经销
＊
2020 年 8 月第 一 版 开本：787×1092 1/16
2022 年 11 月第三次印刷 印张：12
字数：299 000
定价：85.00 元
（如有印装质量问题，我社负责调换）

Preface
前　言

纵观电力工业的发展历史，其运营模式至少经历了两次主要变革。最早的电力系统可以追溯到 1882 年托马斯·爱迪生在纽约建立的世界上第一个发电和输电系统，当时系统的运行是属于孤立且非管制性的，多个孤立系统存在技术上的不兼容和不可靠等问题。因此，为了保证电力工业在竞争环境中能够生存，多个孤立系统开始合并，电力工业出现了运营模式上的第一次变革，即从非管制性竞争向非管制性垄断转变。在这之后相当长的时间里，电力系统都是以一种自然垄断、垂直一体化运营的形态出现的，直到20 世纪 70 年代以后，电力工业高度垄断的某些负面影响开始逐渐显露，主要表现为非生产性成本加大。为了消除这些负面影响，一些国家开始放松对电力工业的管制，进行纵向或横向的解捆，实施电力工业重组，建立竞争性的电力市场。于是，电力工业开始了它的第二次变革，即从垂直垄断向发、输、配分离的市场竞争转变。

所谓机组组合问题，即在一定的调度周期内（通常是一天或一周），以最小的成本（耗量）为目标安排机组发电计划（包括启停计划和初步的出力计划），从而实现电力系统的有功平衡，并满足一定的约束条件和备用要求。无论是在垂直垄断还是在高度市场化的电力系统中，机组组合问题都是系统日前调度和市场决策的重要理论基础。在垄断式的大规模电力系统中，发电厂实现大规模互联，电力系统也有了统一调度的可能。此时，在理论上，调度部门可以基于负荷预测数据，通过机组组合决策提前一天制定初步的机组最优启停和出力方案。这样，一方面可以有效降低整个电力系统的发电成本，另一方面也可以减轻第二天调度人员的工作负担。然而，由于这种调度决策是在垂直垄断的运行模式下进行的，实际运行过程中调度部门通过复杂的机组组合决策来寻求发电厂总体运行效益最优的冲动其实并不强烈。以国家电网公司为例，其调度部门往往会将系统安全放在第一位来编制日前发电计划，有时还会兼顾所谓"公平、公正、公开"的原则，而对整个系统的经济性则关注甚少。真正使机组组合方法得到广泛应用的是电力系统的市场化变革。在高度市场化的电力系统中，尤其是像美国这种依赖独立市场运营机构（ISO）的电力系统，ISO 的主要工作就是根据发电商申报的经济参数信息和系统负荷需求，通过出清计算形成发电商的日前交易计划，其本质上就是一种考虑系统安全约束的机组组合决策。

多年以来，机组组合问题一直受到学术界的高度关注。究其原因，一方面，无疑是机组组合决策理论本身具有重要的工程意义和广阔的应用前景；另一方面，则是机组组合作为数学规划和运筹学等经典数学理论在电力系统运行领域的典型应用，其本身具有独特的理论魅力和研究价值。从模型上来看，当今电力系统发展与变革日新月异，而现有的机组组合数学模型则远远谈不上已经完全满足了实际的工程需求。不断接入的间歇电源要求在机组组合模型中考虑不确定性因素的影响；日益多元化的优化需求使得机组组合不能将优化目标仅仅局限于经济性成本；而人们对决策精确性的不懈追求则要求在机组组合模型中不断纳入更为精确的约束条件并考虑更多的影响因素。从求解方面来看，一般的机组组合决策属于带不等式约束的混合整数二阶规划问题，作为一个典型的非确定性多项式难题，电力系统规模的扩大或机组组合模型本身的复杂化都有可能带来计算量的爆发式增长。因此，求解效率无疑是制约机组组合决策理论发展的最大技术瓶颈。纵观机组组合理论的发展历程，计算效率和决策精度的博弈可谓贯穿始终，如何在提升计算精度的同时还能够最大限度地提升计算效率，这本身就具有重大的研究价值，而对该问题的每一次突破不仅会带来电力系统优化决策方法的进步，还会反过来促进数学规划和运筹学理论的革新与突破。

近年来，关于机组组合问题，一直都有大量论文成果问世。但是，相关的学术专著却不多，其中最具代表性的莫过于 Mohammad Shahidehpour 教授所著的《电力系统的市场化运营》（*Market Operations in Electric Power Systems*）。该书系统而深入地探讨了电力市场中的一系列常见问题，包括负荷与电价预测、机组组合、市场力分析和辅助服务拍卖市场设计等，曾给著者的研究带来了极大启发。但是，作为一本系统介绍电力市场运营方式的学术著作，该书所涉问题和理论众多，因而也就无法从理论层面系统、全面地介绍机组组合问题，这也成了著者写作本书的最初动机。著者早在攻读博士学位期间就已对机组组合问题展开研究，至今已有十年。写作本书一方面是希望结合著者多年来的研究和思考，对现有机组组合的建模和求解理论进行系统性的梳理；另一方面，则是希望通过对机组组合建模求解问题的探讨，让读者了解电力系统中数学优化问题的一些基本理论和方法。

本书所述各项工作，既有对前人工作及著者多年来所积累的一些研究成果的总结，也有一些近两年著者正在进行的探索性工作。近年来，著者及其团队将研究目光转向了人工智能技术，力图通过引入深度学习，为机组组合探索出一条全新的基于数据驱动的研究思路。然而，著者深知，这些研究目前还远远未臻完善，所述方法距离工程实用尚有很大差距，虽然如此，我们仍决定将这些不成熟的工作纳入本书，希望能够把这些我们在机组组合领域的一些最新思考奉献给读者，以期抛砖引玉，引起学术界和工业界对数据驱动型机组组合决策理论的重视，从而共同推动其发展。

本书中的很多成果，是在著者参与的国家自然科学基金青年基金项目（51207113）、面上项目（51477121）和主持的国家自然科学基金青年基金项目（51607104）的资助下完成的，也包含了三峡大学硕士研究生周峥、王璇、叶迪、贾俊杰和邓逸天等刻苦研究的成果，在此一并向国家自然科学基金委员会和这些同学们表示感谢。

衷心感谢我的导师刘涤尘教授及其团队的王波教授和赵洁副教授，是刘教授和王教授指导我选择电力系统的机组组合问题作为博士方向，从而将我带入了对该问题的研究之门，并在我的研究和探索之路上不断地予以鼓励并指点迷津；是赵洁副教授手把手地教我做研究、写论文，培养了我在科学研究方面的基本功。没有他们的指导和帮助，现在的我要想完成本书是不可想象的。衷心感谢我所在研究团队黄悦华教授，邾玢鑫、李振华、翁汉琍、徐艳春副教授，张磊、刘颂凯、王灿老师的热心支持，感谢他们多年来对我研究工作的鼎力相助。

　　天津大学王守相教授和史蒂文斯理工学院吴磊教授对本书提出了很多宝贵的意见，国网湖南省电力公司电力科学研究院的陈道君博士和国网湖北省电力公司经济技术研究院的鄢晶博士在本书的写作过程中提供了大量的宝贵支持，在此向上述专家学者一并表示感谢。

　　限于作者的研究视野和学术水平，书中难免存在疏漏和不足之处，敬请读者批评指正。

杨楠

2020 年 5 月

Contents
目　录

第 1 章　绪论　/1

1.1　电力系统机组组合问题的起源　/2

1.2　电力系统机组组合问题的基本内容　/3

1.3　电力系统机组组合问题国内外研究现状　/4

　　1.3.1　基于物理模型驱动的机组组合　/5

　　1.3.2　基于数据驱动的机组组合　/7

　　1.3.3　常规机组组合模型的求解方法　/8

1.4　本书的主要内容和架构　/11

本章参考文献　/12

第 2 章　新能源出力的超短期预测技术　/17

2.1　引言　/18

2.2　单一超短期预测方法　/18

　　2.2.1　Elman 神经网络　/18

　　2.2.2　极限学习机　/20

　　2.2.3　支持向量机　/21

2.3　数据非平稳性处理方法　/24

　　2.3.1　小波分解　/25

　　2.3.2　经验模态分解　/26

　　2.3.3　噪声辅助信号分解　/28

2.4　组合超短期预测方法　/29

　　2.4.1　基于 NACEMD-Elman 神经网络的组合预测方法　/29

　　2.4.2　基于 EMD-ELM 的组合预测方法　/30

　　2.4.3　基于 EMD-SVM 的组合预测方法　/31

2.5　典型算例　/31

　　2.5.1　基于 EEMD-改进 Elman 方法的风电功率预测算例　/31

　　2.5.2　基于 NACEMD-Elman 方法的风电功率预测算例　/35

本章参考文献　/39

第 3 章　电力系统各发电单元的成本效益模型　/41

3.1　引言　/42

3.2　火电机组的成本模型　/42

3.2.1　火电机组的成本函数　/42

3.2.2　火电机组的运行约束条件　/43

3.3　水电机组的效益模型　/44

3.3.1　水电机组的效益函数　/44

3.3.2　水电机组的运行约束条件　/44

3.4　风电机组的成本模型　/45

3.4.1　风电机组的成本函数　/45

3.4.2　风电机组的运行约束条件　/46

3.5　其他发电单元的成本模型　/47

3.5.1　光伏发电单元的成本模型　/47

3.5.2　天然气发电单元的成本模型　/47

本章参考文献　/48

第4章　常规电力系统的机组组合问题　/49

4.1　引言　/50

4.2　常规机组组合模型　/50

4.3　考虑安全约束的机组组合模型　/51

4.4　常规机组组合模型的求解方法　/52

4.4.1　拉格朗日松弛法　/52

4.4.2　Benders 分解法　/55

4.4.3　序优化算法　/58

4.4.4　遗传算法　/60

4.4.5　粒子群算法　/64

4.4.6　生物地理学算法　/65

4.5　典型算例　/69

4.5.1　常规机组组合算例　/69

4.5.2　考虑安全约束的机组组合算例　/70

本章参考文献　/71

第5章　考虑多重目标的机组组合问题　/73

5.1　引言　/74

5.2　多目标机组组合问题的数学模型　/74

5.3　多目标机组组合问题的处理方法　/77

5.4　典型算例　/82

5.4.1　考虑系统总发电成本和能源环境效益的多目标机组组合算例　/82

5.4.2 考虑系统总发电成本、能源环境效益和系统安全稳定的多目标机组
组合算例 /85

本章参考文献 /87

第6章 考虑不确定性的电力系统机组组合问题 /89

6.1 引言 /90

6.2 间歇性电源出力的概率特性建模 /90
6.2.1 参数估计方法 /90
6.2.2 非参数估计方法 /92
6.2.3 间歇性电源出力的概率特性建模方法 /95

6.3 基于场景法的机组组合 /98
6.3.1 场景生成方法 /99
6.3.2 场景缩减技术 /102

6.4 基于机会约束的机组组合 /103
6.4.1 机会约束方法的基本原理 /104
6.4.2 基于机会约束的机组组合模型 /104

6.5 基于鲁棒优化的机组组合 /105
6.5.1 基于鲁棒优化的机组组合模型 /105
6.5.2 鲁棒机组组合模型求解 /106

6.6 典型算例 /110
6.6.1 非参数估计方法建模算例 /110
6.6.2 基于机会约束方法的仿真算例 /114

本章参考文献 /115

第7章 考虑多元化约束条件和决策变量的机组组合问题 /117

7.1 引言 /118

7.2 考虑源荷互动的含风电SCUC问题 /118
7.2.1 负荷侧控制机理及响应模型 /118
7.2.2 考虑源荷互动的含风电SCUC模型 /125
7.2.3 考虑源荷互动的含风电SCUC模型的求解算法 /127

7.3 考虑交流潮流安全约束的含风电SCUC问题 /131
7.3.1 模型目标函数及常规约束条件 /131
7.3.2 交流潮流安全约束及不确定性因素的描述 /132
7.3.3 考虑交流潮流安全约束的含风电SCUC模型的求解算法 /133

7.4 典型算例 /135
7.4.1 考虑源荷互动的含风电SCUC问题算例 /135

7.4.2　考虑交流潮流安全约束的含风电 SCUC 问题算例　　/143

　本章参考文献　/146

第 8 章　关于机组组合问题研究的展望　/149

　8.1　引言　/150

　8.2　考虑多重不确定性因素及其相关性的机组组合问题研究　/150

　　8.2.1　考虑多重随机因素的鲁棒机组组合模型　/150

　　8.2.2　最坏场景求解　/152

　　8.2.3　模型求解算法　/154

　8.3　基于数据驱动的机组组合问题研究　/156

　　8.3.1　大数据理论　/156

　　8.3.2　基于数据驱动的机组组合决策方法　/159

　　8.3.3　历史数据的聚类预处理　/161

　　8.3.4　机组组合深度学习模型及其训练算法　/163

　8.4　典型算例　/166

　　8.4.1　考虑多重不确定性和相关性的机组组合算例　/166

　　8.4.2　基于数据驱动的机组组合算例　/170

　本章参考文献　/177

　附表　/179

第 *1* 章

绪　论

1.1 电力系统机组组合问题的起源

电力工业发展的历史最初可以追溯到 1882 年托马斯·爱迪生（Thomas Edison）在纽约建立的世界上第一个发电和输电系统。最初阶段的电力工业采用的是非管制性竞争的运营模式，这种模式在当时有效地促进了技术进步。但多个孤立系统在技术上往往会存在不兼容和不可靠等问题，为了保证电力工业在竞争环境中能够生存，多个孤立系统开始合并，自然垄断和规模经济的概念逐步渗入电力工业，电力工业由此开始从非管制性竞争向非管制性垄断转变。

随着技术的进步，大量电力可以通过集中发电并经过长距离输送到城市负荷中心，而大容量的发电系统需要昂贵的输电系统来输送电力，因此合并后的大电力公司开始逐步发展成为垂直一体化的电力联营体，即单个公司拥有生产、输送和分配电力的设施。最终，第一个一体化的、集中调度的电力联营体于 1927 年在美国诞生。在这之后，集中调度和垂直一体化的互联电力系统得到快速发展，并最终形成了高度互联和集成的发电和输电系统结构。机组组合（unit commitment，UC）问题是伴随着电力工业的垄断而出现的，发电厂互联后，电力系统就有了统一调度的可能。当时，在理论上，调度部门可以基于负荷预测数据，通过机组组合决策提前一天制定出初步的机组最优启停和出力方案，这一方面可以有效降低整个电力系统的发电成本，另一方面也可以减轻第二天调度人员的工作负担。由此，人们开始研究机组组合问题，而这也是电力系统中最早的经济学问题之一[1]。

非管制性垄断使得多数电力公司落入少数垄断者手中，更为严重的是，由于这种调度决策是在垂直垄断的运行模式下进行的，实际运行过程中，调度部门通过复杂的机组组合决策来寻求发电厂总体运行效益最优的冲动其实并不强烈。以中国国家电网公司为例，其调度部门往往会将系统安全放在第一位来编制日前发电计划，有时还会兼顾"公平、公正、公开"的原则，而对整个系统的经济性则关注甚少。这也是电力工业高度垄断所带来的负面影响之一，即企业通过改善运营行为来降低其非生产性成本的意愿不高。

事实上，自 20 世纪 70 年代以来，电力工业高度垄断的某些负面影响便逐步显露了出来，主要表现为非生产性成本加大。在西方发达国家，电力工业的规模经济性已逐渐饱和，发电机组的效率已接近或达到极限，建造更大的发电机组已不能大幅度降低成本，输电网规模的简单扩展（互联除外）也不能保持需求的持续增长。在成本增加及电价受到管制的情况下，政府和整个社会都要承受巨大的经济负担。为了消除这些负面影响，20 世纪 80 年代末期，一些国家开始放松对电力工业的管制，进行纵向或横向的解捆，实施电力工业重组，建立竞争性的电力市场。得益于经济学思想对电力工业的渗透，电力工业的经营理念由此开始出现第二次重大转变，经营体制由垂直垄断走向了发、输、配分离的市场竞争。最先开始电力市场化实践的是 20 世纪 70 年代末、80 年代初的智利，其主要动力是政治改革以及整个能源工业的改革。但真正引起世人关注的当属 20 世纪

80 年代末、90 年代初启动的英国电力市场改革，其市场实践让人们看到了市场体制潜在的巨大效益。而在这种市场化浪潮的推动下，机组组合方法开始得到空前广泛的应用[2-5]。

目前，世界上较为成熟的电力市场主要有北欧电力市场和美国电力市场。前者强调电力商品的流动性，充分发挥市场的作用；而后者则更侧重电力系统的安全稳定，充分发挥独立市场运营机构（independent system operators，ISO）电力系统的调度作用[6-8]。北欧电力市场主要采用日前市场、日内市场与实时市场互为补充的市场模式：日前市场采用"集中竞价、边际出清"的方式，电力交易所会根据市场供需双方提交的报价，形成发电曲线和用电曲线，最终两曲线的交点即为系统电价；日内市场是日前市场的延续，它是一个撮合交易市场，按照"先来先得，高低匹配"的原则，购买者和销售者直接就交易的数量和价格进行协商，达成一致后签订合同。北欧电力市场其实遵循的是先经济后物理的思路，即日前发电计划并非是由特定的决策模型计算得到的，而是在多边市场博弈的过程中自发形成的，至于系统物理上的不平衡与网络阻塞，则是通过额外的日内市场与实时市场进行双边调整。这一过程在理论思想上与机组组合决策有一定的相似之处。机组组合问题更为典型的应用体现在美国电力市场，以 PJM 公司为例，在日前市场中，发电商不用像北欧市场那样实时地提供市场报价，而只需要向 ISO 申报其所有的发电资源及经济参数，然后 ISO 根据这些参数和全网的负荷需求，通过对考虑系统安全约束的机组组合（security constrained unit commitment，SCUC）模型进行求解，出清计算形成发电商的日前交易计划，并按照日前的节点边际电价进行全额结算[9, 10]。

1.2　电力系统机组组合问题的基本内容

机组组合是指在一定的调度周期内（通常是一天或一周），以成本（耗量）最小为目标来制定机组的启停和发电计划，实现系统有功功率平衡并满足一定的约束条件和备用要求。其一般性数学模型可描述为

$$F(\boldsymbol{U}, \boldsymbol{P}) = \min\{F_1(\boldsymbol{U}, \boldsymbol{P}), \cdots, F_i(\boldsymbol{U}, \boldsymbol{P})\}$$

$$\text{s.t.} \begin{cases} h(\boldsymbol{U}, \boldsymbol{P}) = 0 \\ g(\boldsymbol{U}, \boldsymbol{P}) \leqslant 0 \end{cases} \tag{1-1}$$

式中：$\boldsymbol{U}$ 为离散决策变量，即机组启停状态；$\boldsymbol{P}$ 为连续决策变量，即机组出力；$F(\boldsymbol{U}, \boldsymbol{P})$ 为目标函数，一般为系统成本最小，包括发电机组的启动成本、关停成本和运行成本等，在某些情况下也会考虑资源、环境等其他优化目标；$h(\boldsymbol{U}, \boldsymbol{P}) = 0$ 和 $g(\boldsymbol{U}, \boldsymbol{P}) \leqslant 0$ 分别为等式约束和不等式约束，一般包括发电机约束、机组群约束、系统性约束和网络安全约束等。

从系统频率调节的角度而言，机组组合决策属于三次调频[11]。电力系统频率调整主要包括一次调频、二次调频和三次调频，实际电网运行中三种调频方式相互配合，共同完成对频率的控制，保证电网运行的安全可靠性。一次调频是指当电力系统频率偏离目标频率时，发电机组通过调速系统的自动反应，调整有功出力以维持电力系统的频率稳定，它针对的是变化周期在 10 s 以内的小幅度负荷波动；二次调频是指发电机组提供足

够的可调整容量及一定的调节速率，在允许的调节偏差下实时跟踪频率，以满足系统频率稳定的要求，它针对的是变化周期从 10 s 到几分钟的变化幅度稍大的负荷波动；三次调频就是机组组合，它通过协调各发电厂之间的负荷经济分配，来实现电力系统的经济、稳定运行。

从电力市场的角度而言，机组组合属于电力日前市场决策[1]。按照时间尺度来分，电力市场一般分为日前市场、期货市场和容量市场。电力日前市场按交易日进行交易（每个交易日为 1 个日历日，分为 48~96 个交易时段，每个交易时段为 15~30 min），发电商参与发电电能的竞标，ISO 以短期电力市场中总购电费用最低为目标，并考虑所有机组的约束条件及电网的安全约束，通过计算分析给出最优的电能交易计划及结算电价，这一过程的理论基础即为机组组合问题；电力期货市场以特定的价格进行买卖，在将来某一特定时间开始交割，并在特定时间段内交割完毕，以电力期货合约形式进行电力商品交易；电力容量市场也称为电力容量补偿机制，其实质是成熟的电力市场在进入电力需求平缓期后，对边际电厂的一种价格补偿机制，为的是能够时刻满足电力用户的需求。

机组组合问题在数学上是一个大规模的、非凸的、非线性的混合整数规划问题，从求解角度而言，它是一个典型的非确定性多项式（nondeterministic polynomial，NP）难题，很难在合理的时间内找出理论上的全局最优解[12]。具体而言，首先，机组组合问题的计算量与决策变量维度之间呈几何级数关系，每增加一台机组，计算量就会呈指数增长。以 IEEE 118 系统为例，该系统包含 54 台发电机组，每台机组每个时刻有 1 和 0 两种状态（1 表示开机，0 表示停机），则系统在每个时刻有 2^{54} 种状态，于是，日前调度（以小时为间隔）理论上有 $2^{54 \times 24}$ 种状态；而在工程实际中，参与系统调度的机组数量通常是几十甚至上百台，面对如此高维的决策变量，解空间的规模可想而知。其次，机组组合问题不仅包含机组启停这种离散决策变量，还包括机组出力这种连续决策变量，这种混合整数规划的特征也给模型的求解带来了较大挑战。再次，机组组合问题虽然是一个多阶段决策问题，但每个调度时段的决策均存在相互影响，一般不满足最优性原理，因此也就无法按照动态规划的思想对其进行分阶段求解。最后，机组组合模型的目标函数和约束条件均比较复杂，目标函数中既包含非线性的二次多项式，也包含基于指数函数的火电机组启停成本；约束条件中不仅有等式约束和不等式约束，而且有的约束条件（如系统网络安全约束）本身求解都比较复杂。这些特点无疑也增加了机组组合模型的求解难度。

综上所述，由于机组组合问题在求解方面存在较大困难，长期以来，求解效率问题一直是制约机组组合理论发展的技术瓶颈，同时也是机组组合领域的研究重点[13]。

1.3 电力系统机组组合问题国内外研究现状

在著者看来，目前针对机组组合的研究思路大致可分为基于物理模型驱动和基于数据驱动两类。前者的思路主要是：首先结合工程实际提炼相应的数学模型，然后根据模型特点采用各种数学手段对其进行处理或简化，最后研究相应的求解算法。这是目前绝大多数研究所采用的一种思路。与基于物理模型驱动的思路不同，后者不研究机组组合的内在机理，而是基于深度学习方法，利用海量历史决策数据训练，直接构建已知输入量与决策结果之间的映射关系，并通过历史数据的积累实现对模型的持续性修正，从而赋予机组组合决策以自我进化、自我学习的能力。这一思路在著者公开发表的文章[14]中被首次提出。

1.3.1 基于物理模型驱动的机组组合

根据所考虑因素的不同，基于物理模型驱动的机组组合大致可分为多目标机组组合、不确定性机组组合、考虑多元化约束条件和决策变量的机组组合等几类。当然，上述机组组合问题的研究并非完全独立，也有学者对上述方向进行过交叉融合。

1. 多目标机组组合

多目标机组组合的研究起步较早。21 世纪以来，人们对环境效益、社会效益等日益重视，因此有学者尝试将机组组合问题的优化目标由传统的考虑经济性最优的单一目标转换为考虑经济、环境和社会等效益综合最优的多重目标[15, 16]。首先构建相关效益指标的目标函数，然后引入一些多目标建模方法对多重目标进行处理，最后利用常规模型的求解方法进行求解。常见的多目标问题处理方法有权重法[15]、Pareto 优化[16]和模糊数学[17]等。

（1）权重法是早期处理多目标问题的主要方法，其基本原理是将多目标优化问题的各个目标函数按其重要程度赋予一定的权重，构建成一个单目标优化问题，从而可利用常规求解方法进行求解。该方法在机组组合问题上的应用最早在文献[18]中已有研究，随后被广泛用于解决多目标机组组合问题，并取得了较好的效果。

（2）利用 Pareto 优化理论求解多目标优化问题的一般思路是对决策变量进行寻优，在不使任何优化目标变坏的前提下，使得至少一个目标变得更好。对于多目标机组组合问题，首先寻求满足支配条件的 Pareto 最优前沿，然后通过对这些非支配解进行进一步排序来求取最终的最优解。相较于其他方法，Pareto 优化并不是求得一个确切的决策解，而是得到一个 Pareto 最优解的解集，即 Pareto 最优前沿。文献[16]和文献[19]均采用该方法解决多目标机组组合问题，相较于权重法，其人为主观因素较少，结论较为客观。

（3）模糊数学是处理多目标优化问题的另一种方法，它的核心思想是通过构建隶属度函数对各优化目标进行归一化处理，从而将其转换为单目标优化问题进行求解。该方法在多目标机组组合问题上的应用最早见于文献[20]，它解决了考虑发电成本、网络安全、排放费用和可靠性成本四个目标的机组组合问题。模糊数学法可以处理量纲及取值范围不同的目标函数，因此它在处理多目标问题上得到了快速发展。之后，文献[21]和文献[22]分别针对不同的优化目标，又构建了不同的隶属度函数，较好地解决了多目标机组组合问题。

2. 不确定性机组组合

随着风电和光伏发电等不确定性电源的大规模接入，如何在机组组合问题中计及不确定性因素成为该领域最重要同时也最热门的一个研究议题。目前不确定性机组组合的研究主要针对两个问题：第一，如何在现有模型中充分计及不确定性因素的影响，即不确定性模型的构建；第二，如何对不确定性模型进行处理或简化使其能够被现有的算法高效求解。另外，还需要指出的是，目前已有研究开始考虑在模型中同时计及多个不确定性因素，即所谓的多重不确定性问题[23]。针对这些不确定性问题，常用的不确定性建模方法主要有场景法[23, 24]、机会约束[25]和鲁棒优化[26]等。

（1）场景法解决不确定性机组组合问题的基本思路是：通过不确定性电源出力的概率模型进行抽样，产生大量不确定性电源出力可能出现的场景，从而将含有随机变量的不确定性问题转换为含有一系列场景的确定性问题进行求解。然而，精确描绘不确定性因素所需要的场景数目很大，受计算复杂度和计算时间的限制，需要采用场景缩减策略使得用尽可能少的场景能够尽可能精确地模拟风电未来出力。因此，场景生成技术和场景缩减技术是不确定性机组组合的难点之一。针对该问题，文献[27]和文献[28]采用蒙特卡罗（Monte Carlo）抽样、拉丁超立方抽样等方法进行场景的生成，文献[29]～[31]通过概率距离和场景树构建等方法缩减场景，为场景集的构建扩宽了思路。

（2）机会约束的核心思想是：要求随机约束条件至少以一定置信水平成立，即并不追求在不确定因素随机波动下的系统约束条件一定能够满足，而是确保所求得的系统运行方案能够使系统约束条件以较大的概率满足，以此避免为应对小概率的极端风电偏差而带来的经济效益损失。由此可见，对概率约束的处理是求解基于机会约束的不确定性机组组合问题的关键。针对概率约束的处理，国内外学者做了大量研究。文献[32]～[34]通过将随机规划问题转化为确定性优化问题求解；文献[35]和文献[36]则直接通过遗传算法和粒子群算法等智能优化算法进行求解，分别从不同的角度对概率约束进行了处理。

（3）不同于以上两种方法，鲁棒优化不需要知道不确定性电源出力确切的概率特性模型，只需要知道不确定性电源出力的波动区间即可。经过鲁棒优化算出的系统调度决策能够确保不确定性电源出力在区间内任意波动时，系统的各个运行约束仍然能够得到满足。即鲁棒优化旨在找出不确定性电源出力对系统的安全性和经济性影响最大的最坏场景，确保系统在最坏场景下仍然能够安全、经济运行。鲁棒优化的核心是求解一个 min-max 模型，其求解难度较大，如何快速并准确地求解不确定性机组组合鲁棒模型是近年来研究的热点。文献[37]利用对偶原理将模型进行对偶变换并采用 Benders 算法进行求解，文献[38]和文献[39]则通过其他方法将鲁棒优化问题直接转化为确定性问题进行求解，均取得了较好的效果。

3. 考虑多元化约束条件和决策变量的机组组合

目前还有学者把研究重点放在完善机组组合模型方面，如引入更多的决策变量，更

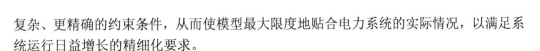

复杂、更精确的约束条件，从而使模型最大限度地贴合电力系统的实际情况，以满足系统运行日益增长的精细化要求。

在决策变量上，有研究把需求侧响应作为一种决策手段纳入机组组合模型之中，即所谓的考虑源荷互动的机组组合[40]。其中，文献[41]将互动负荷视为可调度资源融入传统日前调度模型中，综合考虑互动负荷对系统运行成本及潮流分布的影响，建立了以运行成本和网损最小为目标的含风电场电力系统多目标优化调度模型。文献[42]将常规机组、储能装置与负荷侧调度资源同时进行优化调度，综合考虑系统常规机组运行成本、负荷侧调度成本和可再生能源消纳效益，建立了基于"源-荷-储"协调互动的电力系统优化调度模型。上述研究所建立的模型使系统对负荷侧的控制得到了大幅加强，切合智能电网的发展方向。

在约束条件上，有研究尝试在模型中计及传统方法未考虑的一些特殊约束，如阀点效应[43]、基于交流潮流模型的网络安全约束[44]，以提高决策精度。文献[45]在考虑传统有功网络安全约束的基础上，引入无功电压的制约，并计及机组的安全运行极限，依据Benders 分解思想，成功求解了交流潮流约束机组组合问题。文献[46]在考虑风电出力不确定性的同时，构建了基于交流潮流约束的不确定性机组组合模型，并引入改进序优化算法对模型求解，取得了良好效果。

1.3.2 基于数据驱动的机组组合

对于基于物理模型驱动的机组组合决策，其整个建模求解过程都是以严密的逻辑推导为基础，以数学理论为支撑的。在当今能源变革日新月异的背景下，机组组合面临的理论挑战层出不穷，这种基于物理模型驱动的决策方法已经难以适应电力系统快速发展的实际需求，主要表现在以下几个方面。

（1）基于物理模型驱动的决策方法的建模和求解过程都较为复杂，难以考虑所有影响决策的输入因素，在实际工程应用中有效性不高。影响机组组合决策的因素较多，包括气候、环境、社会、负荷、电源电网建设和检修计划等[47-49]。由于某些因素影响决策的机理较为复杂或者难以用数学模型描述，而有的输入因素一旦考虑有可能导致模型无法求解[50]，目前，基于物理模型驱动的机组组合决策往往会对输入量进行适当简化，从而导致决策有效性不高[51]。在实际工程应用过程中，还需要进行大量的人工修正工作。

（2）基于物理模型驱动的决策方法的模型和算法确定后修改较为困难，在应对不断涌现的新问题和新要求时适用性不足。传统思路下，机组组合模型和求解算法都是针对具体问题构建得到的，针对性很强但适用性较低。如果调度决策问题本身发生改变，就需要对模型或算法进行修改甚至重新建模，过程较为复杂。事实上，随着能源技术的变革，包括电动汽车大规模接入[52]、间歇性电源大规模并网[40]、需求侧响应[49]及冷热电气联合运行[53]等在内的大量新的理论问题不断涌现，这些都有可能导致原有的机组组合决策模型和算法不再适用。

（3）面对新的理论问题，基于物理模型驱动的决策方法往往需要以机理研究为前提，有时甚至需要引入新的理论方法,对数学模型及其算法进行修正或重构,研究周期较长,无法适应电力系统快速发展的需求。以不确定性机组组合问题研究为例,21世纪以来,新能源快速发展,导致机组组合决策必须面对不确定性因素大规模接入的新问题[50],为解决该问题,人们陆续提出包括机会约束、场景法、鲁棒优化和区间优化等在内的多种不确定性建模方法,所考虑的不确定性因素也随着电力系统的发展由单一不确定性因素发展为多重不确定性因素,这期间每一次新问题的提出或新理论的应用都需要重新研究问题或方法的内在原理,并对模型进行改造或重构,有时还需要对算法进行重新开发,到目前为止,相关研究持续了20年以上[54]。

由此可见,基于物理模型驱动的机组组合的模型构建及其算法的提出都是以机理研究为前提的,输入参数与决策输出之间通过优化模型及其求解算法两个阶段构建起物理过程明确、数学逻辑清晰的映射关系。因此,其模型及其算法一旦确定便无法自行修改、自我学习,对于不同的输入量,只要模型及其算法不变,求解效率和质量都是一样的,不会随着历史数据的积累而提升。从而,在面对不断涌现的理论问题和挑战时,这种方法也就无法满足电力系统快速发展的需要。而事实上,调度方法一旦用于实际,往往会积累大量结构化的历史数据[14],从长期来看,机组组合决策也具有一定的重复性,往年积累的历史决策方案对于未来的机组组合决策也具有指导意义,而且实际运行决策数据往往是模型计算与人工修正结合的产物,在理论上可以说是考虑了当时所面对的各种影响因素和限制条件。鉴于此,如果能够提出一种基于数据驱动的机组组合决策方法,不研究机组组合的内在机理,而是基于深度学习方法,利用海量历史决策数据训练,直接构建已知输入量与决策结果之间的映射关系,并通过历史数据的积累实现对模型的持续性修正,从而赋予机组组合决策以自我进化、自我学习的能力,不仅可以大大简化机组组合问题建模和求解的过程,降低复杂度,充分计及传统方法中无法建模的输入变量,还可以通过其自我学习来应对不断涌现的各种理论问题和挑战。因此,文献[14]引入长短时记忆网络(long short-term memory,LSTM),首次提出了一种基于数据驱动的机组组合智能决策方法,通过海量历史数据训练建立系统负荷与火电机组出力之间的单一映射模型,并证明了该方法的优越性和强大适应性。

1.3.3 常规机组组合模型的求解方法

虽然现有的机组组合模型侧重点各不相同,但在求解时遵循的思路基本相同,即首先利用各种数学理论对机组组合模型进行处理或简化,将其转化为常规机组组合问题之后,再利用常规求解算法对模型进行求解。由于1.3.1小节已经对机组组合模型的各种处理和简化方法做了具体介绍,在此重点讨论常规机组组合问题的一些典型的求解方法。需要说明的是,由于常规机组组合模型本身具有相当的复杂性,而常规机组组合的求解算法一般都有较强的针对性和优势特点,在求解常规机组组合模型时,往往需要对各种求解算法组合使用,以期最大程度地发挥不同算法的优势,从而尽可能地提升模型的求解效率。

目前，常规机组组合模型的求解方法主要可以分为启发式算法、数学优化算法和智能优化算法三类。其中启发式算法包括局部寻优法、优先顺序法和逆序停机法等；数学优化算法包括动态规划法、拉格朗日松弛法（Lagrange relaxation，LR）、分支定界法、内点法、混合整数规划法和 Benders 分解法等；智能优化算法包括遗传算法、粒子群算法、人工神经网络算法、模拟退火算法和禁忌搜索法等。

1. 启发式算法

启发式算法是最早用于电力系统机组组合问题求解的一类算法，此类算法以直观判断及实际调度经验为基础，虽然往往会丢失全局最优解，但由于其具有物理意义明确、实用性强和计算速度快等优点，在电力系统早期具有较为广泛的应用。其中，最为典型的方法是局部寻优法和优先顺序法。

（1）局部寻优法的基本思路是：首先确定一个较好的机组组合决策结果，然后以此为中心，在其邻域内寻优，通过不断迭代来寻求最优解或次优解。该方法在文献[55]中首次与机组组合问题结合，文献[56]和文献[57]中对该方法又进行了诸多改进，在求解机组组合问题上取得了较好效果。

（2）优先顺序法的寻优策略是：首先确定参与系统调度机组的经济特性指标并对其排序，然后根据负荷的大小按既定顺序依次投切机组直至满足系统需求。其中，为了获得最优经济效益，经济特性指标需要根据具体的目标函数来制定。该方法在文献[58]中被首次应用到机组组合问题之中，在文献[59]~[61]中得到了进一步的应用。其中，较为典型的应用是文献[61]，在优先顺序法中引入全局决策过程，克服了传统优先顺序方法难以求得全局最优解的缺陷。

2. 数学优化算法

数学优化算法主要是从机组组合问题的数学模型入手，用解析方法直接对模型进行求解，求解过程一般具有比较明确的物理意义及数学理论基础。因此，此类算法在机组组合问题中应用较为广泛，其中典型的算法包括动态规划法、拉格朗日松弛法和 Benders 分解法。

（1）动态规划法是研究多阶段决策寻优问题的一种数学算法，其主要思想是对一个多阶段的优化过程进行分阶段逐步寻优求解，从而达到压缩解空间的目的。以机组组合为例，对于发电机启停状态向量，如果系统有 10 台机组，调度周期以 24 h 计，那么其解空间为 $2^{10 \times 24}$ ；如果采用动态规划法将其分为 24 个阶段进行求解，那么此时解空间就变为 24×2^{10} 。求解时，动态规划会对某一阶段到下一阶段所有满足约束的状态进行经济性评估，并从中选择费用最小的状态作为下一阶段决策的依据，最后得到使累计费用最小的状态，即为最优机组组合决策方案。该方法在文献[62]中首次被用于求解机组组合问题，文献还基于启发式算法对动态规划法进行了改进，在保证决策精度的同时提升了计算效率；在文献[63]～[65]中该方法得到了进一步的应用，并与多种其他优化方法结合，显著提升了求解效率。应用动态规划的一个基本前提是被求解的数学优化问题需要满足最优性定理，即每个阶段最优解的集合必须是整个优化问题的全局最优解。但事实上，由于机组组合问题每个调度阶段之间的决策存在着比较密切的联系，从著者的研究来看，以动态规划求解机组组合问题很难得出全局最优解。

（2）拉格朗日松弛法多用于解决带不等式约束的数学优化问题，其基本原理是引入拉格朗日乘子，将耦合约束条件引入目标函数中，利用对偶原理将机组组合问题分解为一个主问题和一系列子问题。在主问题中求出拉格朗日乘子，并将其传递到子问题中；子问题根据拉格朗日乘子优化单台机组的启停状态，并将其返回主问题中更新拉格朗日乘子。如此迭代，直至收敛。该方法在文献[66]中首次被应用到机组组合问题中；文献[67]和文献[68]则进一步研究了针对拉格朗日乘子的调整与修正策略；另外，拉格朗日松弛法在与其他方法结合应用时也取得了较好效果[69]。

（3）Benders 分解法多用于求解大规模混合整数规划或具有复杂约束条件的数学优化问题，它通过解耦决策变量或约束条件，将原问题分解为主问题和若干个子问题，从而降低数学模型的求解难度。该方法借助于 Benders 割来实现主问题与子问题之间解的传递，进而实现主问题与子问题之间的迭代求解。目前，Benders 分解法已经在电力系统机组组合领域取得了较为广泛的应用[70-74]，是处理机组组合模型复杂约束条件的有效手段之一。

3. 智能优化算法

智能优化算法大多源于对生物或社会现象的模拟，是一类模拟自然界寻优过程的随机优化算法，因其具有理论要求较弱、兼容性好和求解速度快等优点，被广泛应用于电力系统机组组合领域。其中，具有代表性的智能优化算法包括遗传算法、人工神经网络算法和模拟退火算法。

（1）遗传算法是一种基于生物自然选择和遗传机理的随机搜索算法。该算法从一组随机产生的初始解（种群）开始搜索，种群中的每个个体都是问题的一个解。种群通过交叉和变异过程（遗传）产生下一代种群，并根据适应度的大小选择和淘汰后代（自然选择），从而逐步提高下一代种群的适应度。若干次迭代后，算法将会收敛于适应度最好的染色体。该方法在文献[75]中首次应用于机组组合问题，随后，文献[76]～[78]也多次利用遗传算法求解机组组合问题。

（2）人工神经网络算法一般通过模拟人脑神经元的信息处理方式建立数学模型，然后根据不同的连接方式组成不同的网络架构。以 BP 神经网络为例，样本在输入层进入，通过隐藏层一层层正向传播，最后在输出层得到一个输出与期望输出之间的误差值。当此误差值大于事先预定的期望误差时，将此误差逆向传播，经过隐藏层传递返回给输入层，同时修改 BP 神经网络里的神经元权值，并不断重复此过程，直到误差小于事先预定的期望误差。经过这种训练后，神经网络能根据类似的输入，预测出对应的输出。该方法在机组组合领域的首次应用是文献[79]，更为典型的应用是文献[80]，它将遗传算法引入神经网络的训练中以避免学习过程中出现停滞，增加了网络的稳定性和计算的准确性，从而成功处理了不确定性机组组合问题。

（3）模拟退火算法的灵感来源于固体退火原理，是一种基于概率的算法，它通过转化高温物体退火的思想模拟优化问题，从而寻找问题的全局最优解或近似全局最优解。在机组组合问题中，首先将当前解定为初始解，然后以一定的概率在当前解的邻域中选择一个非局部最优解，初始时为了避免新解陷入局部最优，可以通过调整参数使目标函数偶尔向其他方向发展，再重复这个过程直至收敛，即可得到机组组合最优决策方案。该方法在文献[81]中被成功引入机组组合问题，在文献[82]～[84]中得到了改良应用，成功求解了机组组合问题。

1.4 本书的主要内容和架构

本书围绕电力系统机组组合的建模与求解问题，由浅入深地介绍与机组组合问题相关的内容，包括间歇性电源出力的超短期预测，电力系统各发电单元的成本费用模型、常规电力系统的机组组合问题、考虑多重目标的机组组合问题、考虑电力系统不确定性的机组组合问题、考虑多元化约束条件和决策变量的机组组合问题，以及关于机组组合问题研究的展望。各章节内容安排如下。

第 1 章作为全书的总领，概述电力系统机组组合问题的来源、基本内容和研究现状，并梳理本书的内容架构。间歇性电源出力的超短期预测可以为机组组合决策提供可靠的数据支撑，因此，准确高效的间歇性电源超短期预测技术是机组组合问题的重要理论基础。

第 2 章主要介绍针对间歇性电源（风电为主）出力的超短期预测技术，从单一超短期预测方法入手，介绍支持向量机、极限学习机和神经网络等算法，并介绍小波分解和经验模态分解两种典型的数据非平稳性处理方法。还介绍一些基于上述方法形成的组合超短期预测技术，并通过一些典型算例对上述超短期预测技术的性能进行分析。

第 3 章重点介绍火电机组、水电机组、风电机组、光伏发电和天然气发电的成本效益模型，包括各机组的成本费用函数和运行约束条件。后续章节的讨论和分析都是建立在此章内容的基础之上。

第 4～7 章都是针对具体的机组组合问题。其中，第 4 章讨论常规机组组合问题的数学模型和求解算法。第 5 章讨论的是考虑多重目标的机组组合问题，包括该问题的数学模型，以及一些典型的多目标模型处理技术和求解方法。第 6 章主要针对考虑不确定性的电力系统机组组合问题，重点讨论此类问题的数学模型、不确定性因素的概率特性建模方法、一些典型的不确定性建模方法，以及与之对应的求解算法。第 7 章在第 4 章常规机组组合问题的基础上考虑多元化约束条件和决策变量，主要介绍考虑源荷互动的机组组合问题和考虑交流潮流安全约束的机组组合问题，分别构建相应的数学模型，同时基于 Benders 分解法和序优化思想分别给出模型的求解方法及改进策略。

第 8 章着重讨论当前机组组合问题研究领域的一些新方法和新理论。重点介绍目前机组组合问题研究领域的两个新的思路：一个是考虑多重不确定性的机组组合问题，另一个是基于数据驱动的具有自我学习能力的机组组合智能决策方法。最后通过一些典型算例对上述方法的有效性和正确性进行分析和讨论。

本章参考文献

[1] SHAHIDEHPOUR M，YAMIN H，ZUYI L. 电力系统的市场化运营：预测、计划与风险管理[M]. 杜松怀，等译. 北京：中国电力出版社，2005.

[2] DARYANIAN B，BOHN R E，TABORS R D. Optimal demand-side response to electricity spot prices for storage-type customers[J]. IEEE Transactions on Power Systems，1989，4（3）：897-903.

[3] DAVID A K，LI Y Z. Effect of inter-temporal factors on the real time pricing of electricity[J]. IEEE Transactions on Power Systems，1993，8（1）：44-52.

[4] CELEBI E，FULLER J D. A model for efficient consumer pricing schemes in electricity markets[J]. IEEE Transactions on Power Systems，2007，22（1）：60-67.

[5] MAYER K，TRÜCK S. Electricity markets around the world[J]. Journal of Commodity Markets，2018，9：77-100.

[6] 袁健. 国外电力市场结构模式比较与借鉴[D]. 济南：山东大学，2014.

[7] 包铭磊，丁一，邵常政，等. 北欧电力市场评述及对我国的经验借鉴[J]. 中国电机工程学报，2017，37（17）：4881-4892，5207.

[8] 马子明，钟海旺，李竹，等. 美国电力市场信息披露体系及其对中国的启示[J]. 电力系统自动化，2017，41（24）：49-57.

[9] 周明，严宇，丁琪，等. 国外典型电力市场交易结算机制及对中国的启示[J]. 电力系统自动化，2017，41（20）：1-8，150.

[10] 李竹，庞博，李国栋，等. 欧洲统一电力市场建设及对中国电力市场模式的启示[J]. 电力系统自动化，2017，41（24）：2-9.

[11] 朱瑞云. 电力系统在线经济调度和自动调频[J]. 电网技术，1990（4）：7-12.

[12] 熊观佐. 电力系统机组组合与开停机计划[J]. 武汉水利电力学院学报，1984（2）：59-66.

[13] 陈皓勇，王锡凡. 机组组合问题的优化方法综述[J]. 电力系统自动化，1999（4）：51-56.

[14] 杨楠，叶迪，林杰，等. 基于数据驱动具有自我学习能力的机组组合智能决策方法研究[J]. 中国电机工程学报，2019，39（10）：2934-2946.

[15] 李整，秦金磊，谭文，等. 基于目标权重导向多目标粒子群的节能减排电力系统优化调度[J]. 中国电机工程学报，2015，35（S1）：67-74.

[16] LI Y F，PEDRONI N，ZIO E. A memetic evolutionary multi-objective optimization method for environmental power unit commitment[J]. IEEE Transactions on Power Systems，2013，28（3）：2660-2669.

[17] 段虞荣，王勇，杨丹，等. 模糊数学和运筹学方法在水火电力系统经济调度中的应用[J]. 高校应用数学学报 A 辑（中文版），1990（1）：103-110.

[18] KULOOR S，HOPE G S，MALIK O P. Environmentally constrained unit commitment[J]. IEEE Proceedings C-Generation，Transmission and Distribution，1992，139（2）：122-128.

[19] FURUKAKOI M，ADEWUYI O B，MATAYOSHI H，et al. Multi objective unit commitment with voltage stability and PV uncertainty[J]. Applied Energy，2018，228（2）：618-623.

[20] ABDUL-RAHMAN K H，SHAHIDEHPOUR S M. Application of fuzzy sets to optimal reactive power planning with security constraints[J]. IEEE Transactions on Power Systems，1994，9（2）：589-597.

[21] 肖国骏. 含风电系统安全经济调度的多目标交互式模糊满意度决策方法[D]. 长沙：长沙理工大学，2013.

[22] 王贺. 风电短期功率预测与并网多目标调度优化研究[D]. 武汉：武汉大学，2014.

[23]　DING T，YANG Q R，LIU X Y，et al. Duality-free decomposition based data-driven stochastic security-constrained unit commitment[J]. IEEE Transactions on Sustainable Energy，2019，10（1）：82-93.

[24]　WU H Y，KRAD I，FLORITA A，et al. Stochastic multi-timescale power system operations with variable wind generation[J]. IEEE Transactions on Power Systems，2017，32（5）：3325-3337.

[25]　LI Z W，JIN T R，ZHAO S Q，et al. Power system day-ahead unit commitment based on chance-constrained dependent chance goal programming[J]. Energies，2018，11（7）：1718.

[26]　SHAO C C，WANG X F，SHAHIDEHPOUR M，et al. Security-constrained unit commitment with flexible uncertainty set for variable wind power[J]. IEEE Transactions on Sustainable Energy，2017，8（3）：1237-1246.

[27]　WANG J H，SHAHIDEHPOUR M，LI Z Y. Security-constrained unit commitment with volatile wind power generation[J]. IEEE Transactions on Power Systems，2008，23（3）：1319-1327.

[28]　SAHIN C，SHAHIDEHPOUR M，ERKMEN I. Allocation of hourly reserve versus demand response for security-constrained scheduling of stochastic wind energy[J]. IEEE Transactions on Sustainable Energy，2013，4（1）：219-228.

[29]　WU L，SHAHIDEHPOUR M，LI T. Stochastic security-constrained unit commitment[J]. IEEE Transactions on Power Systems，2007，22（2）：800-811.

[30]　PAPPALA V S，ERLICH I，ROHRIG K，et al. A stochastic model for the optimal operation of a wind-thermal power system[J]. IEEE Transactions on Power Systems，2009，24（2）：940-950.

[31]　TUOHY A，MEIBOM P，DENNY E，et al. Unit commitment for systems with significant wind penetration[J]. IEEE Transactions on Power Systems，2009，24（2）：592-601.

[32]　邱威，张建华，刘念. 含大型风电场的环境经济调度模型与解法[J]. 中国电机工程学报，2011，31（19）：8-16.

[33]　WANG Q F，GUAN Y P，WANG J H. A chance-constrained two-stage stochastic program for unit commitment with uncertain wind power output[J]. IEEE Transactions on Power Systems，2012，27（1）：206-215.

[34]　WU H Y，SHAHIDEHPOUR M，LI Z Y，et al. Chance-constrained day-ahead scheduling in stochastic power system operation[J]. IEEE Transactions on Power Systems，2014，29（4）：1583-1591.

[35]　孙元章，吴俊，李国杰，等. 基于风速预测和随机规划的含风电场电力系统动态经济调度[J]. 中国电机工程学报，2009，29（4）：41-47.

[36]　刘德伟，郭剑波，黄越辉，等. 基于风电功率概率预测和运行风险约束的含风电场电力系统动态经济调度[J]. 中国电机工程学报，2013，33（16）：9-15.

[37]　JIANG R W，WANG J H，GUAN Y P. Robust unit commitment with wind power and pumped storage hydro[J]. IEEE Transactions on Power Systems，2012，27（2）：800-810.

[38]　HU B Q，WU L，MARWALI M. On the robust solution to SCUC with load and wind uncertainty correlations[J]. IEEE Transactions on Power Systems，2014，29（6）：2952-2964.

[39]　LORCA A，SUN X A. Adaptive robust optimization with dynamic uncertainty sets for multi-period economic dispatch under significant wind[J]. IEEE Transactions on Power Systems，2015，30（4）：1702-1713.

[40]　杨楠，王波，刘涤尘，等. 计及大规模风电和柔性负荷的电力系统供需侧联合随机调度方法[J]. 中国电机工程学报，2013，33（16）：63-69.

[41]　刘文颖，文晶，谢昶，等. 基于源荷互动的含风电场电力系统多目标模糊优化调度方法[J]. 电力自动化设备，2014，34（10）：56-63，68.

[42]　许汉平，李姚旺，苗世洪，等. 考虑可再生能源消纳效益的电力系统"源—荷—储"协调互动优化调度策略[J]. 电力系统保护与控制，2017，45（17）：18-25.

[43]　KUO C C. A novel coding scheme for practical economic dispatch by modified particle swarm approach[J]. IEEE Transactions on Power Systems，2008，23（4）：1825-1835.

[44]　AMJADY N，DEHGHAN S，ATTARHA A，et al. Adaptive robust network-constrained ac unit commitment[J]. IEEE Transactions on Power Systems，2017，32（1）：672-683.

[45]　孙东磊，韩学山，杨金洪. 计及电压调节效应的电力系统机组组合[J]. 电工技术学报，2016，31（5）：107-117.

[46] NAD Y，DI Y，ZHENG Z，et al. Research on modelling and solution of stochastic SCUC under ac power flow constraints[J]. IET Generation，Transmission and Distribution，2018，12（15）：3618-3625.

[47] 王澹，蒋传文，李磊，等. 考虑碳排放权分配及需求侧资源的安全约束机组组合问题研究[J]. 电网技术，2016，40（11）：3355-3361.

[48] 周明，夏澍，李琰，等. 含风电的电力系统月度机组组合和检修计划联合优化调度[J]. 中国电机工程学报，2015，35（7）：1586-1595.

[49] 仇梦林，胡志坚，李燕，等. 基于可行性检测的考虑风电和需求响应的机组组合鲁棒优化方法[J]. 中国电机工程学报，2018，38（11）：3184-3194.

[50] 夏清，钟海旺，康重庆. 安全约束机组组合理论与应用的发展和展望[J]. 中国电机工程学报，2013，33（16）：94-103.

[51] TEJADA-ARANGO D A，SÁNCHEZ-MARTIN P，RAMOS A. Security constrained unit commitment using line outage distribution factors[J]. IEEE Transactions on Power Systems，2018，33（1）：329-337.

[52] ZHAO J，WAN C，XU Z，et al. Spinning reserve requirement optimization considering integration of plug-in electric vehicles[J]. IEEE Transactions on Smart Grid，2017，8（4）：2009-2021.

[53] AGHAEI J，ALIZADEH M I.Robust n-k contingency constrained unit commitment with ancillary service demand response program[J].Generation，Transmission & Distribution，IET，2013，8（12）：1928-1936.

[54] 杨楠，崔家展，周峥，等. 基于模糊序优化的风功率概率模型非参数核密度估计方法[J]. 电网技术，2016，40（2）：335-340.

[55] KERR R H，SCHEIDT J L，FONTANNA A J，et al. Unit Commitment[J]. IEEE Transactions on Power Apparatus and Systems，1966，85（5）：417-421.

[56] HARA K，KIMULA M，HONDA N. A method for planning economic unit commitment and maintenance of thermal power systems[J]. IEEE Transactions on Power Apparatus and Systems，1966，85（5）：427-436.

[57] JOHNSON R C，HAPP H H，WRIGHT W J. Large scale hydro-thermal unit commitment method and results[J]. IEEE Transactions on Power Apparatus and Systems，1971，90（3）：1373-1384.

[58] BURNS R M，GIBSON C A. Optimization of priority lists for a unit commitment program[J]. IEEE Transactions on Power Apparatus and Systems，1975，94（6）：1917.

[59] SENJYU T，SHIMABUKURO K，UEZATO K，et al. A fast technique for unit commitment problem by extended priority list[J]. IEEE Transactions on Power Systems，2003，18（2）：882-888.

[60] LIU M，WU F F，NI Y X. Market allocation between bilateral contracts and sport market without financial transmission rights[C]. 2003 IEEE Power Engineering Society General Meeting，2003：1007-1011.

[61] CHEN Y L，LIU C C. Optimal multi-objective VAr planning using an interactive satisfying method[J]. IEEE Transactions on Power Systems，1995，10（2）：664-670.

[62] LOWERY P G. Generating unit commitment by dynamic programming[J]. IEEE Transactions on Power Apparatus and Systems，1966，85（5）：422-426.

[63] KUSIC G L，PUTNAM H A. Dispatch and unit commitment including commonly owned units[J]. IEEE Transactions on Power Apparatus and Systems，1985，104（9）：2408-2412.

[64] SNYDER W L，POWELL H D，RAYBURN J C. Dynamic programming approach to unit commitment[J]. IEEE Transactions on Power Engineering Review，1987，7（5）：41-42.

[65] PANG C K，CHEN H C. Optimal short-term thermal unit commitment[J]. IEEE Transactions on Power Apparatus and Systems，1976，95（4）：1336-1346.

[66] VIRMANI S，ADRIAN E C. Implementation of a lagrangian relaxation based unit commitment problem[J]. IEEE Transactions on Power Engineering Review，1989，9（11）：34.

[67] 赵庆波，孙岚，郭燕，等. 基于拉格朗日松弛法的优化调度系统[J]. 电力系统自动化，2004，28（18）：76-79.

[68] 杨朋朋，韩学山. 基于改进拉格朗日乘子修正方法的逆序排序机组组合[J]. 电网技术，2006，30（9）：40-45.

[69] 王楠，张粒子，舒隽. 基于粒子群修正策略的机组组合解耦算法[J]. 电网技术，2010，34（1）：79-83.

[70] 杨楠，刘涤尘，孙文涛，等. 基于调峰平衡约束的光伏发电穿透功率极限研究[J]. 电力系统保护与控制，2013，

41（4）：1-6.

[71] HABIBOLLAHZADEH H，BUBENKO J A. Application of decomposition techniques to short-term operation planning of hydrothermal power system[J].IEEE Transactions on Power Systems，1986，1（1）：41-47.

[72] NORBIATO D S T，DINIZ A L. A new multi-period stage definition for the multistage benders decomposition approach applied to hydrothermal scheduling[J]. IEEE Transactions on Power Systems，2009，24（3）：1383-1392.

[73] LI Y，MCCALLEY J D. Decomposed SCOPF for improving efficiency[J]. IEEE Transactions on Power Systems，2009，24（1）：494-495.

[74] FEI X，MCCALLEY J D. Risk-based security and economy tradeoff analysis for real-time operation[J]. IEEE Transactions on Power Systems，2007，22（4）：2287-2288.

[75] SHEBLÉ G B，MAIFELD T T. Unit commitment by genetic algorithm and expert system. Electric Power Systems Research，1994，30（2）：115-121.

[76] 蔡兴国，初壮. 用遗传算法解算机组组合的研究[J]. 电网技术，2003（7）：36-39.

[77] 汪峰，朱艺颖，白晓民. 基于遗传算法的机组组合研究[J]. 电力系统自动化，2003，27（6）：36-41.

[78] 熊高峰，聂坤凯，刘喜苹，等. 基于遗传算法的随机机组组合问题求解[J]. 电力系统及其自动化学报，2012，24（5）：93-99.

[79] OUYANG Z，SHAHIDEHPOUR S M. A hybrid artificial neural network-dynamic programming approach to unit commitment[J]. IEEE Transactions on Power Systems，1992，7（1）：236-242.

[80] HUANG S J，HUANG C L. Application of genetic-based neural networks to thermal unit commitment[J]. IEEE Transactions on Power Systems，1997，12（2）：654-660.

[81] ZHUANG F，GALIANA F D. Unit commitment by simulated annealing[J]. IEEE Transactions on Power Systems，1990，5（1）：311-318.

[82] 顾锦汶，杨佰新. 电力系统机组组合优化的快速模拟退火算法[J]. 中国电机工程学报，1992，12（6）：69-73.

[83] VIANA A，DE SOUSA J P，MATOS M. Simulated annealing for the unit commitment problem[J]. IEEE Porto Power Tech. Proceedings，2001，（2）：229-233.

[84] 吴金华，吴耀武，熊信艮，等. 机组优化组合问题的随机 tabu 搜索算法[J]. 电网技术，2003，27（10）：35-38.

第2章

新能源出力的超短期预测技术

2.1 引　言

随着新能源发电技术的日益成熟，风力和光伏等新能源在电力系统中的发电总量占比逐渐增加。由于风力和光伏等新能源的出力具有随机性和间歇性的特点，其大规模接入给系统的运行与机组组合决策都带来了较大挑战。如果能够对新能源出力进行有效预测，就能提高机组组合问题的决策精度，从而降低新能源大规模接入对电力系统的影响。新能源发电的超短期预测技术能够给机组组合决策提供有效的理论和数据支撑，因此，它是机组组合决策理论体系中具有重要意义的一个组成部分。

目前，新能源出力的短期预测通常采用统计学预测方法。常用的统计学预测方法有人工神经网络法和机器学习法等。人工神经网络法和机器学习法具有良好的自学习能力和非线性拟合能力，被广泛应用于新能源出力的预测中。直接基于上述理论进行超短期预测的方法被称为单一超短期预测方法。因为间歇性电源的出力一般具有显著的非平稳性，所以也有研究者会先利用一些分解方法对其非平稳性进行处理，然后对分解后的分量进行预测，从而提高预测精度，这种思路被称为组合超短期预测方法。其中，小波分析法是处理间歇性电源出力非平稳性较为常用的方法。

为表述方便，本章以风力发电为例对超短期预测方法进行讨论。

2.2 单一超短期预测方法

现有的单一超短期预测方法以人工神经网络法和机器学习法为主。本节以 Elman 神经网络和极限学习机这两种人工神经网络法以及机器学习法中的典型代表支持向量机为例，来介绍单一超短期预测方法。

2.2.1 Elman 神经网络

1. Elman 神经网络的结构

Elman 神经网络是一种前馈式的神经网络[1]，其结构如图 2-1 所示。输入层的神经元主要用于信号输入；隐含层的神经元通过传递函数，把输入数据的特征抽象到另一个维度空间；输出层的神经元用于对上层信号进行线性加权处理；承接层多被用于层内或层间的反馈连接，能对输出层的信号进行延迟处理然后反馈至输入层。

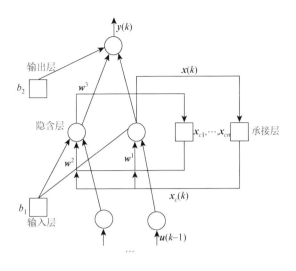

图 2-1　Elman 神经网络结构

在 Elman 神经网络结构图中，主要数学表达式为

$$y(k) = g(w^3 x(k) + b_2) \tag{2-1}$$

$$x(k) = f(w^1 x_c(k) + w^2 (u(k-1)) + b_1) \tag{2-2}$$

$$x_c(k) = x(k-1) \tag{2-3}$$

式中：u 为神经网络的输入向量；x 为网络隐含层的输出向量；x_c 为经承接层反馈的向量；y 为网络输出层输出向量；w^3，w^2 和 w^1 分别为隐含层到输出层、输入层到隐含层和承接层到隐含层的连接权值矩阵；$f(\cdot)$ 为隐含层神经元的传递函数；b_1 和 b_2 分别为输入层和隐含层的阈值；k 为时刻。

2. 基于 Elman 神经网络的风电功率预测

风力发电机捕获的风电功率的大小主要取决于风速、风向、温度和大气压强这 4 个指标。因此，利用 Elman 神经网络进行风电功率预测时，输入层的神经元个数为 4，分别代表风速、风向、温度和大气压强；输出层的神经元个数为 1，代表风电机的发电功率。

神经网络输入层的一个维度代表一个特征变量，当神经网络的输入为多维时，就表示有多个特征变量需要识别。首先将输入/输出历史数据输入 Elman 神经网络中进行训练，然后用训练好的 Elman 神经网络进行风功率预测[2]。

对于风电功率预测，一般选用均方误差（mean square error，MSE）、平均绝对百分比误差（mean absolute percentage error，MAPE）和均方百分比误差（mean square percentage error，MSPE）这三个指标来对风电功率的预测效果进行评价。

上述三个误差指标的计算公式分别为

$$\begin{cases} \mathrm{MSE} = \dfrac{1}{N}\sqrt{\sum_{i=1}^{N}(A_i - P_i)^2} \\[3mm] \mathrm{MAPE} = \dfrac{1}{N}\sum_{i=1}^{N}\dfrac{|A_i - P_i|}{A_i} \\[3mm] \mathrm{MSPE} = \sqrt{\dfrac{1}{N}\sum_{i=1}^{N}\left(\dfrac{A_i - P_i}{A_i}\right)^2} \end{cases} \qquad (2\text{-}4)$$

式中：A_i 为第 i 个预测点的实测值；P_i 为第 i 个预测点的预测值；N 为预测点的个数。

2.2.2　极限学习机

极限学习机（extreme learning machine，ELM）属于一类新型人工神经网络[3]，其结构如图 2-2 所示。相比一般前馈式的神经网络，ELM 在学习过程中无须调整隐含层神经元，在随机选择输入层神经元各突触的连接权值后，通过求取广义逆，直接计算出输出层神经元间的连接权值，使得网络的训练速度达到极致。而且，由于 ELM 没有用到局部梯度下降法来计算连接权值，克服了大多数神经网络容易落入局部最优的缺陷[4]。下面对 ELM 的具体的数学模型进行介绍。

极限学习机的具体算法描述：N 个任意的数据 $\{(x_j, y_j)\}_{j=1}^{N}$，其中 $x_j \in \mathbf{R}^n$，$y_j \in \mathbf{R}^m$，含有 $\tilde{N}$ 个隐层节点 G 的极限学习机回归模型可表示为

$$\sum_{i=1}^{\tilde{N}} \boldsymbol{\beta}_i g(\boldsymbol{a}_i \times x_j + b_i) = y_j, \quad j = 1, 2, \cdots, N \qquad (2\text{-}5)$$

式中：$\boldsymbol{a}_i = [a_{i1}, a_{i2}, \cdots, a_{in}]^{\mathrm{T}}$ 为第 i 个隐层节点与输入节点的权值向量；$\boldsymbol{\beta}_i = [\beta_{i1}, \beta_{i2}, \cdots, \beta_{im}]^{\mathrm{T}}$ 为第 i 个隐层节点与输出节点的权值向量；b_i 为第 i 个隐层节点的偏置；$g(x)$ 为激活函数。

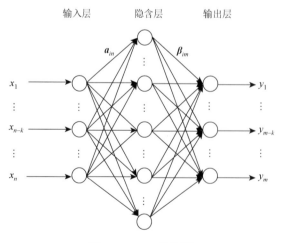

图 2-2　ELM 结构图

式（2-5）可简写为

$$\boldsymbol{H\beta} = \boldsymbol{Y} \tag{2-6}$$

$$\begin{cases} \boldsymbol{H} = \begin{bmatrix} g_i(a_1 \cdot x_1 + b_1) & \cdots & g_i(a_{\tilde{N}} \cdot x_1 + b_{\tilde{N}}) \\ \vdots & & \vdots \\ g_i(a_{\tilde{N}} \cdot x_N + b_1) & \cdots & g_i(a_{\tilde{N}} \cdot x_N + b_{\tilde{N}}) \end{bmatrix}_{N \cdot \tilde{N}} \\ \boldsymbol{\beta} = [\boldsymbol{\beta}_1^{\mathrm{T}}, \boldsymbol{\beta}_2^{\mathrm{T}}, \cdots, \boldsymbol{\beta}_{\tilde{N}}^{\mathrm{T}}]_{\tilde{N} \cdot m} \\ \boldsymbol{Y} = [\boldsymbol{y}_1^{\mathrm{T}}, \boldsymbol{y}_2^{\mathrm{T}}, \cdots, \boldsymbol{y}_N^{\mathrm{T}}]_{N \cdot m} \end{cases} \tag{2-7}$$

式中：$\boldsymbol{H}$ 为隐层输出矩阵；$\boldsymbol{Y}$ 为目标输出矩阵。输出权值系数 $\boldsymbol{\beta}$ 可以通过求解以下线性方程组的最小二乘解来获得：

$$\left\| \boldsymbol{H\beta}^* - \boldsymbol{Y} \right\| = \left\| \boldsymbol{HH}^+ \boldsymbol{Y} - \boldsymbol{Y} \right\| = \min_{\boldsymbol{\beta}} \left\| \boldsymbol{H\beta} - \boldsymbol{Y} \right\| \tag{2-8}$$

其最小二乘解为

$$\boldsymbol{\beta}^* = \boldsymbol{H}^+ \boldsymbol{Y} \tag{2-9}$$

式中：$\boldsymbol{H}^+$ 为隐层输出矩阵 $\boldsymbol{H}$ 的摩尔-彭罗斯（Moore-Penrose）广义逆。

当 ELM 用于风功率预测时，其具体应用方法与 2.2.1 小节的 Elman 神经网络类似，故此处不再赘述。

2.2.3　支持向量机

基于统计学理论的支持向量机（support vector machine，SVM）以结构风险最小化为原则，根据事先获得的序列样本信息，实现预测模型复杂性与学习能力之间的协调，从而得到具有较好泛化能力的解。

由统计学理论可知，支持向量机是根据 n 个独立同分布观测样本来估计某系统输入与输出之间的依赖关系的，并以此为基础预测未知输出量。设输入变量为 x，输出变量为 y，其依赖关系可表示为某一未知的联合概率分布 $F(x,y)$，x 与 y 之间存在确定性关系可视为特例。支持向量机会根据观测样本在一组函数 $\{f(x, \boldsymbol{w}_0)\}$ 中求一个最优的函数 $f(x, \boldsymbol{w}_0)$，并对输入与输出之间的依赖关系进行估计，使得期望风险 $R(\boldsymbol{w})$ 最小，$R(\boldsymbol{w})$ 的计算关系为

$$R(\boldsymbol{w}) = \int l(y, f(x, \boldsymbol{w})) \mathrm{d}F(x, y) \tag{2-10}$$

式中：$\{f(x, \boldsymbol{w})\}$ 为预测函数集合；$\boldsymbol{w}$ 为预测函数的广义参数；$L(y, f(x, \boldsymbol{w}))$ 为用预测函数 $f(x, \boldsymbol{w})$ 对输出变量 y 进行预测而造成的损失，不同学习问题的损失函数并不相同。

1. 基于支持向量机的风电功率预测

支持向量机在用于风电功率预测时，其主要目的在于寻找一个函数 $f \in \{f(x, \boldsymbol{w})\}$，

使期望风险函数值 $R(f)$ 最小。其中，风电功率预测问题与函数逼近问题类似，旨在从训练样本中寻找输入值 x 与输出值 y 的特定函数关系[5, 6]。因此，风电功率预测问题的损失函数一般为

$$L\big(y, f(x, \boldsymbol{w})\big) = \big|y - f(x, \boldsymbol{w})\big|^p \tag{2-11}$$

式中：p 为某一正整数，一般根据具体预测问题来确定。

根据结构风险最小化原则，有

$$R(f) < R_{\text{emp}} + R_{\text{gen}} \tag{2-12}$$

式中：R_{gen} 为 $f(x, \boldsymbol{w})$ 复杂度的一种度量；$R_{\text{emp}} + R_{\text{gen}}$ 确定了 $R(f)$ 的上限。

在运用支持向量机预测风电功率时，首先给定以 $p(x, y)$ 为概率的风速序列观测样本集 $\{(x_1, y_1), (x_2, y_2), \cdots, (x_n, y_n)\}$，设定回归函数为

$$F = \{f \mid f(x) = \boldsymbol{w}^{\mathrm{T}} x + b, \boldsymbol{w} \in \mathbf{R}^n\} \tag{2-13}$$

然后引入结构风险函数 R_{reg}，即

$$R_{\text{reg}} = \frac{1}{2}\|\boldsymbol{w}\|^2 + D R_{\text{emp}}[f] \tag{2-14}$$

式中：$\|\boldsymbol{w}\|^2$ 为模型的复杂度；D 为边际系数，结构风险的作用在于使学习和预测在经验风险与模型复杂度之间取一个折中。

由此可知，式（2-13）所代表的回归问题可以等价为结构风险最小化问题：

$$\min \frac{1}{2}\boldsymbol{w}^{\mathrm{T}}\boldsymbol{w} + C\sum_{i=1}^{n}(\zeta_i + \zeta_i^*) \tag{2-15}$$

同时，满足约束条件：

$$\text{s.t.} \begin{cases} y_i - \boldsymbol{w}^{\mathrm{T}} x_i - b \leqslant \varepsilon + \zeta_i \\ \boldsymbol{w}^{\mathrm{T}} x_i + b - y_i \leqslant \varepsilon + \zeta_i \\ \zeta_i, \zeta_i^* \geqslant 0 \end{cases} \tag{2-16}$$

式中：ε 为估计精度；ζ_i 和 ζ_i^* 为模型中引进的松弛变量，旨在处理函数 f 在 ε 精度下无法估计的样本数据，使得该回归函数有解。

风速具有随机性，观测到的风速样本序列是随时间空间非线性变化的序列，单纯使用一个线性回归函数来模拟风速过程是不合理的，因此需要通过一个非线性的映射 ϕ 将风速输入量 x 映射到高维特征空间中，该过程可通过构造核函数实现，核函数的作用是实现低维非线性空间向高维线性空间的转化，可表示为

$$k(x_i, y_j) = \phi(x_i)\phi(y_j) \tag{2-17}$$

则式（2-15）和式（2-16）可表示为

$$\min \frac{1}{2}[\boldsymbol{\alpha}, \boldsymbol{\alpha}^*]\begin{bmatrix} \boldsymbol{Q} & -\boldsymbol{Q} \\ -\boldsymbol{Q} & \boldsymbol{Q} \end{bmatrix}\begin{bmatrix} \boldsymbol{\alpha} \\ \boldsymbol{\alpha}^* \end{bmatrix} + [\varepsilon \boldsymbol{I}^{\mathrm{T}} + \boldsymbol{y}^{\mathrm{T}}, \varepsilon \boldsymbol{I}^{\mathrm{T}} - \boldsymbol{y}^{\mathrm{T}}]\begin{bmatrix} \boldsymbol{\alpha} \\ \boldsymbol{\alpha}^{\mathrm{T}} \end{bmatrix}$$

$$\text{s.t.} \begin{cases} [\boldsymbol{I}^{\mathrm{T}}, -\boldsymbol{I}^{\mathrm{T}}]\begin{bmatrix} \boldsymbol{\alpha} \\ \boldsymbol{\alpha}^{\mathrm{T}} \end{bmatrix} = 0 \\ \\ 0 < \boldsymbol{\alpha} \end{cases} \tag{2-18}$$

式中：$\boldsymbol{Q}_{i,j} = \boldsymbol{\phi}^{\mathrm{T}}(x_i)\boldsymbol{\phi}(y_j)$；$\boldsymbol{I} = [1, \cdots, 1]^{\mathrm{T}}$；$\boldsymbol{\alpha}$ 和 $\boldsymbol{\alpha}^*$ 为拉格朗日乘子。

由式（2-18）可知，风电功率预测模型变成了一个二次规划模型，求解这个二次规划模型可得 $\boldsymbol{\alpha}$ 及 $\boldsymbol{w}$ 的值，最终求得回归函数 $f(x)$，即

$$\begin{cases} w = \sum_{i=1}^{n}(\alpha_i - \alpha_i^*)\phi(x_i) \\ \\ f(x) = \sum_{i=1}^{n}(\alpha_i - \alpha_i^*)(x_i x) + b \end{cases} \tag{2-19}$$

若采用卡鲁什-库恩-塔克（Karush-Kuhn-Tucker，KKT）条件来计算常值偏差 b，可得

$$b = \begin{cases} y_i - \varepsilon - \sum_{i=1}^{l}(\alpha_i - \alpha_i^*)K(x_i, y_j), & \alpha_i \in (0, C) \\ \\ y_i + \varepsilon - \sum_{i=1}^{l}(\alpha_i - \alpha_i^*)K(x_i, y_j), & \alpha_i^* \in (0, C) \end{cases} \tag{2-20}$$

对于预测结果，可通过式（2-20）进行误差分析。

2. 基于最小二乘支持向量机的风电功率预测

除传统支持向量机外，本章再介绍一种基于最小二乘支持向量机（least squares support vector machine，LSSVM）的方法[7]。该方法利用最小二乘线性系统作为损失函数，避免了求解二次规划问题，同时，利用核函数将预测问题转化为方程组的求解问题，将不等式约束转化为等式约束，增加了预测的准确度和速度。

对于事先获得的训练样本集 (x_i, y_j)，利用一个非线性映射 φ 将样本空间映射到特征空间 $\varphi(x)$，并在高维空间中构造最优决策函数：

$$f(x) = \boldsymbol{w}\varphi(x) + b \tag{2-21}$$

如此，原本的非线性估计函数便转化成为高维的线性估计函数，同样，利用结构风险最小化原则，构造损失函数：

$$\min \frac{1}{2}\boldsymbol{w}^{\mathrm{T}}\boldsymbol{w} + D\frac{1}{2}\sum_{i=1}^{l}\xi_i^2 \tag{2-22}$$

约束条件为

$$y_i = \boldsymbol{w}\varphi(x) + b + \zeta_i, \quad i = 1, 2, \cdots, l \tag{2-23}$$

利用拉格朗日松弛法求解式（2-21），可得

$$L(\boldsymbol{w},b,\zeta,\alpha)=\frac{1}{2}\boldsymbol{w}^{\mathrm{T}}\boldsymbol{w}+C\frac{1}{2}\sum_{i=1}^{l}\zeta_i^2-\sum_{i=1}^{l}\alpha_i[\boldsymbol{w}\varphi(x_i)+b+\zeta_i-y_i] \qquad (2\text{-}24)$$

式中：$\alpha_i\ (i=1,2,\cdots,l)$ 为拉格朗日乘子。

由 KKT 条件可知

$$\begin{cases}\boldsymbol{w}=\displaystyle\sum_{i=1}^{l}\alpha_i\varphi(x_i)\\[2ex]\displaystyle\sum_{i=1}^{l}\alpha_i=0\end{cases} \qquad (2\text{-}25)$$

最后，只需通过核函数将上述的优化过程转化为线性方程组进行求解即可，核函数为 $K(x_i,y_j)=\phi(x_i)\phi(y_j)$，一般效果较好的是径向基核函数，转化后的线性方程组为

$$\begin{bmatrix}0 & 1 & \cdots & 1\\ 1 & K(x_1,x_1)+\dfrac{1}{C} & \cdots & K(x_1,x_l)+\dfrac{1}{C}\\ \vdots & \vdots & & \vdots\\ 1 & K(x_l,x_1)+\dfrac{1}{C} & \cdots & K(x_l,x_l)+\dfrac{1}{C}\end{bmatrix}\times\begin{bmatrix}b\\ \alpha_i\\ \vdots\\ \alpha_l\end{bmatrix}=\begin{bmatrix}b\\ y_i\\ \vdots\\ y_l\end{bmatrix} \qquad (2\text{-}26)$$

用最小二乘法求解，可得回归系数 α_i 和偏差 b，从而得到非线性预测模型：

$$f(x)=\sum_{i=1}^{l}\alpha_i K(x,x_i)+b \qquad (2\text{-}27)$$

综上所述，基于最小二乘支持向量机的预测模型避免了求解二次规划问题，将预测问题转化为求解线性方程组，使得求解过程大大简化，通过对预测模型中的几个重要参数进行优化，可有效提高优化算法的计算精度。

2.3　数据非平稳性处理方法

从现有研究来看，采用单一超短期预测方法进行风电功率预测，其预测精度还有提升空间。风电数据具有非平稳性的特点，单一预测方法的预测精度容易受到数据中高频分量的干扰，从而导致预测精度降低。因此，预先对数据进行非平稳性处理具有重要意义。为了解决风电功率的非平稳性对预测结果的干扰，可以在现有单一预测方法的基础上增加数据分解的预处理过程，从而有效提升预测结果的精度。本节以小波分解、经验模态分解和噪声辅助信号分解三种方法为例，介绍数据的非平稳性处理方法。

2.3.1　小波分解

小波分解[8, 9]是在应用数学的基础上发展起来的新的时频分析工具，近年来得到广泛应用。小波分解的核心思想是小波多分辨率分析，其基本原理是通过小波基的伸缩变换，研究信号各个尺度层次上的信息，即在低频部分具有较高的频率分辨率和较低的时间分辨率，而在高频部分则相反，这正好符合低频信号变化慢和高频信号变化快的特点。在小波分解方法中，存在着两个问题：一是小波函数的选取，需要根据具体问题选取合适的小波。常见的小波函数有 Marr 小波、Morlet 小波、Haar 小波、Daubechies 小波和样条小波。二是分解层数的确定，小波分解的层数没有明确的理论依据。小波分解的层数越多，信号的频率划分越细，逼近信号和细节信号的稳定性和平滑性越好；但是，在分解过程中会存在计算误差和信息流失，分解层数越多，误差就会越大，从而造成预测精度下降。小波变换用一个基函数的平移和伸缩来分解 $2L(R)$ 空间的函数。设基函数满足容许条件：

$$C_\varphi = \int \frac{|\varphi(\omega)|^2}{\omega} \mathrm{d}\omega < \infty \tag{2-28}$$

定义：

$$\varphi(a,b) = \frac{1}{a} \varphi\left(\frac{t-b}{a}\right) \tag{2-29}$$

则小波变换为

$$Wf(a,b) = \int f \cdot \varphi(a,b) \mathrm{d}t \tag{2-30}$$

小波变换的反变换，即由 $Wf(a,b)$ 重建 $f(t)$：

$$f(t) = C_\varphi^{-1} \int_{-\infty}^{\infty} \int_{-\infty}^{\infty} \frac{\mathrm{d}a\mathrm{d}b}{a^2} Wf(a,b)\varphi(a,b) \tag{2-31}$$

在小波变换的算法中，Mallat 算法从函数的多分辨空间分解出发，在小波变换与多分辨分析之间建立联系，并且提出快速小波变换，为小波变换的应用提供了一个有力的工具。

Mallat 快速小波分解算法为

$$\begin{cases} (HC)_n = \dfrac{1}{\sqrt{2}} \displaystyle\sum_{j\in\mathbf{Z}} C_j h_{j-2n} \\[3mm] (GC)_n = \dfrac{1}{\sqrt{2}} \displaystyle\sum_{j\in\mathbf{Z}} C_j g_{j-2n} \end{cases} \tag{2-32}$$

Mallat 快速小波重构算法为

$$C_n^{k-1} = \frac{1}{\sqrt{2}} \left(\sum_{j\in\mathbf{Z}} C_j^k h_{n-2j} + \sum_{j\in\mathbf{Z}} d_j^k g_{n-2j} \right) \tag{2-33}$$

25

基于小波分解的风速预测策略利用 Mallat 算法对风速时间序列作 n 层分解与重构：将时间序列分解为低频分量 c_1 和高频分量 d_1；当对序列进一步分解时，只将低频分量 c_1 分解为 c_2 和 d_2，而对高频分量不予考虑；后续分解以此类推，得到低频分量 $c_1, c_2, \cdots, c_n$ 和高频分量 $d_1, d_2, \cdots, d_n$。理论上，可以利用小波分解对数据长度为 N 的序列进行 $2\lg N$ 次分解与重构，一般对序列进行 3 层分解就能将趋势项和波动项较好地分离出来，如图 2-3 所示。

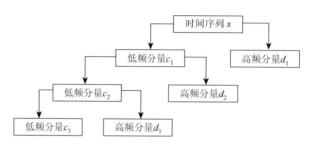

图 2-3　时间序列 3 层小波分解过程

本小节基于一般的 n 层分解，采用全部高频-低频分量预测策略，基于小波分解的结果，运用混沌理论确定低频分量预测模型的输入维为 c_{un}，高频分量预测模型的输入维为 $d_{u1}, d_{u2}, \cdots, d_{un}$。对每个分量分别建立预测模型，对每个分量进行预测，将预测结果进行重构，从而得到最终的预测值，如图 2-4 所示。

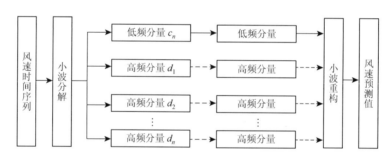

图 2-4　基于小波分解的风速预测策略

经小波分解将风速时间序列分解为趋势项和干扰项，其中趋势项平稳性较强，在预测过程中精度较高；干扰项随机性较强，在预测过程中预测难度较大，在提高预测精度方面的作用不明显。

2.3.2　经验模态分解

经验模态分解（empirical mode decomposition，EMD）是一种基于信号局部特征的信号分解方法[10]。该方法吸取了小波变换多分辨的优势，同时克服了小波变换中需选取小波基与确定分解尺度的困难，因此更适用于非线性非平稳信号分析，是一种自适应的信号分解方法，可用于风速时间序列的分析。

经验模态分解方法假设任何复杂的信号都是由简单的本征模函数（intrinsic mode function，IMF）组成的，且每一个 IMF 都是相互独立的。该方法可以将风速数据时间序列中真实存在的不同尺度或趋势的分量逐级分解出来，产生一系列具有相同特征尺度的数据序列，分解后的序列与风速原始数据序列相比具有更强的规律性，可以提高预测精度。风速时间序列的 EMD 分解步骤如下。

（1）识别出信号中所有极大值点并拟合其包络线 $e_{\text{up}}(t)$。

（2）提取信号中的极小值点及拟合包络线 $e_{\text{low}}(t)$，计算上、下包络线的平均值 $m_1(t)$，即

$$m_1(t) = \frac{e_{\text{up}}(t) + e_{\text{low}}(t)}{2} \tag{2-34}$$

（3）$x(t)$ 减去 $m_1(t)$ 得到 h_1，将 $h_1(t)$ 视为新的信号 $x(t)$，重复第（1）步，经过 k 次筛选，直到 $h_1(t) = x(t) - m_1(t)$ 满足 IMF 条件。记 $c_1(t) = h_1(t)$，则 $c_1(t)$ 为风速序列的第 1 个 IMF 分量，它包含原始序列中最短的周期分量。从原始信号中分离出 IMF 分量 $c_1(t)$，得到剩余分量为

$$r_1(t) = x(t) - c_1(t) \tag{2-35}$$

将剩余分量 $r_1(t)$ 作为新的原始数据，重复上述步骤可得到其余 IMF 分量和 1 个余量，结果如下：

$$\begin{cases} r_1(t) - c_2(t) = r_2(t) \\ r_2(t) - c_3(t) = r_3(t) \\ \cdots\cdots \\ r_{N-1}(t) - c_N(t) = r_N(t) \end{cases} \tag{2-36}$$

原始风速序列 $x(t)$ 可被分解为

$$x(t) = \sum_{i=1}^{N} c_i(t) + r_N(t) \tag{2-37}$$

本节使用 Rilling 等提出的终止条件[11]，它是对 Huang 等提出的限定标准差（standard deviation，SD）准则[12]的改进。e_{max} 和 e_{min} 分别为上、下包络线，设

$$\delta(t) = \frac{|e_{\text{max}} + e_{\text{min}}|}{|e_{\text{max}} - e_{\text{min}}|} \tag{2-38}$$

设定 3 个门限值和 α，θ_1，θ_2，相应的终止条件有以下两个。

（1）满足 $\delta(t) < \theta_1$ 的时刻个数与全部持续时间之比不小于 $1 - \alpha$，即

$$\frac{S\{t \in F \mid \delta(t) < \theta_1\}}{S\{t \in F\}} \geq 1 - \alpha \tag{2-39}$$

式中：F 为信号持续范围；$S(A)$ 为集合 A 中元素个数；$\theta_1 = 0.05$；$\alpha = 0.05$。

（2）对每个时刻 t，有

$$\delta(t)<\theta_2, \qquad \theta_2=10\theta_1 \tag{2-40}$$

但是，当信号在某一时段内有较大尺度变化时，仅一次 EMD 分解并不能依据特有的时间尺度得出 IMF 分量，即在分解过程中会出现模态混叠现象。因此，为提高风功率预测方法的适用性，下面还将介绍一种改进的 EMD 方法，即总体平均经验模态分解（evaluation empirical modal decomposition，EEMD）方法[11]对风功率进行预处理。该方法将噪声信号添加到原始风功率序列中，然后对其重复进行 EMD 处理，将处理后得到的多份 IMF 的均值作为其最终分量，从而避免了混沌重叠现象。具体步骤如下。

（1）初始化 EMD 执行 M 次，每次添加噪声的幅值为 k。

（2）对原始风电功率时间序列 $x(t)$ 添加正态分布噪声 $n(t)$ 信号，进行第 m 次 EMD 分解：找出加入噪声后的信号 $x(t)$ 的所有极小值和极大值，利用三次样条插值法拟合其上、下包络线。

（3）计算上、下包络线的平均值 $m(t)$：$h(t)=x(t)-m(t)$。

（4）判断 $h(t)$ 是否符合 IMF 的定义，符合则将 $h(t)$ 作为第一个 IMF 分量，否则将 $h(t)$ 作为（1）中的信号 $x(t)$ 重复（1）和（2）的步骤直至符合 IMF 的定义。

从 $x(t)$ 信号中减去 IMF 分量，得到 $r(t)=x(t)-h(t)$，将 $r(t)$ 作为新的序列重复上述（1）～（4）的步骤，得到剩余的 IMF 分量和余量，最后的余量必须为单调函数。

最后进行总体平均运算。对 M 次 EMD 分解得到的每个 IMF 计算均值作为最终结果。执行 M 次 EMD 分解中添加的白噪声序列满足正态分布且相互独立，当 $M=100$，加入噪声的幅值 $k=0.1$ 时，所取得的效果较好。EEMD 具体分解流程如图 2-5 所示。

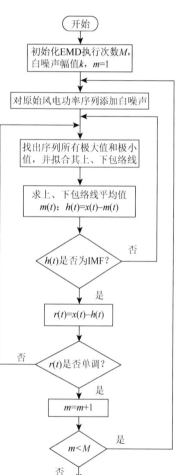

图 2-5　EEMD 分解流程图

2.3.3　噪声辅助信号分解

EMD 分解及其改进方法的本质均是简化复杂的原始序列，求取本征模函数 IMF 分量，按不同的时频特性对各分量进行分类。EEMD 的改进措施主要体现在白噪声的应用及集成平均思想的引入方面。由于集成平均过程内白噪声具有不同的时频特性，IMF 分量中含有差异极大的特征时间尺度，从而无法完全消除模态混叠现象。

为解决 EEMD 方法存在的缺陷，下面再介绍一种改进的复数据经验模态分解（complex empirical mode decomposition，CEMD）方法，即噪声辅助信号分解（noise assisted signal decomposition method based on complex empirical mode decomposition，NACEMD）方法来对风功率进行分解[12]。主要步骤是添加白噪声构建复数据序列，执行多次 CEMD 分解，即实部和虚部分别进行 EMD 分解，能够将原始数据中混合的白噪声及其他分量按照自身时频特性投影到合适的 IMF 上从而避免模态混叠现象。其具体步骤如下。

（1）执行 M 次初始化 CEMD，计次添加幅值为 k 的白噪声。

（2）将白噪声 $x_n(z)$ 加入风电功率原始数据序列 $x_o(z)$，组成复信号 $x_c(z)$，z 为时序变量，即

$$x_c(z) = x_o(z) + \mathrm{i} x_n(z) \tag{2-41}$$

（3）将复信号投影到 φ_k 上，即

$$p_{\varphi k}(z) = \mathrm{Re}\{e^{-i\varphi k}[x_o(z) + \mathrm{i} x_n(z)]\} \tag{2-42}$$

将欧拉（Euler）公式代入式（2-42），得到

$$p_{\varphi k}(z) = x_o(z)\cos \varphi k + x_n(z)\sin \varphi k \tag{2-43}$$

当 $\sin \varphi k \neq 0$ 时，$x_o(z)$ 原有极值选取方向改变，求解 $P_{\varphi k}$ 的极大值点，并对其进行三次样条插值，得到各投影方向上的上、下包络。

（4）计算边界包络线平均值 $m(z)$，从而求取各分量信号 $h(z)$：$h(z) = x(z) - m(z)$。

（5）得到 IMF 分量及余量的均值。

（6）总体平均运算，即对 M 次 CEMD 过程后得到的每个 IMF 计算均值作为输出量。

2.4　组合超短期预测方法

研究表明，将 2.2 节的单一超短期预测方法与 2.3 节的数据非平稳性处理方法进行组合应用，能够有效提高短期预测技术的预测精度。下面以三种具体的组合超短期预测方法为例，介绍超短期预测的组合应用方法。

2.4.1　基于 NACEMD-Elman 神经网络的组合预测方法

基于 NACEMD-Elman 神经网络超短期风电功率组合预测的基本研究思路是：首先使用 NACEMD 将风电功率序列按不同时频特性进行分解，得到不同频率范围内的 IMF 分量；然后对各 IMF 分量分别建立 Elman 神经网络预测模型，以达到对风电功率序列进行精细化预测的目的；最后根据不同频率分量的预测值输出预测曲线。其原理框图如图 2-6 所示。

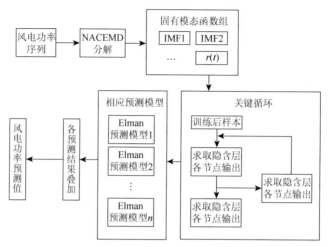

图 2-6   NACEMD-Elman 神经网络原理框图

2.4.2   基于 EMD-ELM 的组合预测方法

基于 EMD-ELM 的风电功率组合预测方法主要分为三个阶段：首先，将 EMD 用于分解风电时间序列；然后，采用 ELM 对 EMD 分解得到的所有子序列进行建模预测，并优化 ELM 的输入权值和隐含层偏置；最后，将每个子序列的预测结果叠加起来重构风电功率序列。图 2-7 给出了预测流程图。其具体步骤如下。

（1）使用 EMD 将原始风电功率序列分解为一组 IMF 分量和一个残差分量 R_n。

（2）对全部子序列分别建模预测，即对每个子序列，采用前面的采样点（风电功率历史数据，如第 1～600 个）作为模型的训练样本，来训练 ELM 模型。

（3）使用训练好的 ELM 模型对每个子序列后续的风电功率采样点（如第 600～720 个）进行多步预测。

（4）通过全部子序列预测值的叠加计算得到最终的预测结果。

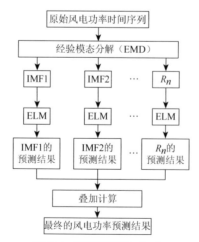

图 2-7   预测流程图（一）

2.4.3　基于 EMD-SVM 的组合预测方法

由于风速的非线性和随机性很强，风电功率序列也具有很强的非线性和非平稳性。支持向量机可以很好地处理非线性问题，但对于非平稳性问题，支持向量机的预测效果不佳。为了更好地对非平稳性很强的风电功率进行预测，可以先利用改进的 EMD 算法对风电功率序列进行分解，大大削弱序列的非平稳性，然后对得到的各分量分别进行预测，最后将预测结果组合到一起，从而有效提高风功率预测的预测精度。本小节介绍一种基于 EMD-SVM 的组合预测方法，采用改进 EMD-SVM 模型进行预测的流程图如图 2-8 所示。其具体步骤如下。

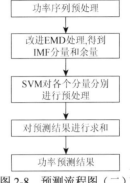

（1）对原始风电功率序列进行预处理，目的是剔除一些异常数据。

图 2-8　预测流程图（二）

（2）用改进 EMD 算法对功率序列进行分解，得到各 IMF 分量 $c_i(t)$ 和余量 $r_n(t)$。

（3）对各 IMF 分量 $c_i(t)$ 和余量 $r_n(t)$ 分别建立 SVM 预测模型，选取核函数和最佳参数，得到各分解序列的预测值。

（4）通过叠加得到最终预测结果。

2.5　典　型　算　例

2.5.1　基于 EEMD-改进 Elman 方法的风电功率预测算例

本节选取湖北省九宫山风电场的实测历史风电功率数据作为算例进行仿真分析，该风电场共有 20 台风力发电机，每台风机的额定功率为 850 kW，为研究方便，不考虑风机的尾流效应，风电场的发电功率近似表示为一台风机的倍数。选取部分历史风电功率数据段进行预测分析，所采样数据的步长为 10 min，风电功率曲线如图 2-9 所示，该段数据共有 360 个数据点，选取该段数据的前 300 个用于训练神经网络，后 60 个数据点用于预测和结果分析[13]。

利用 EEMD 算法对原始风电功率时间序列进行处理，产生了 7 个 IMF 分量和 1 个余量，结果如图 2-10 所示。

由图 2-10 中各子序列的特性可以得到，分量 IMF1 和 IMF2 频率较高，其周期性不明显，波动仍很剧烈；分量 IMF3～IMF7 频率较低，其周期性较为明显；余量 $r(t)$ 为一条幅值较高、单调递增的曲线。

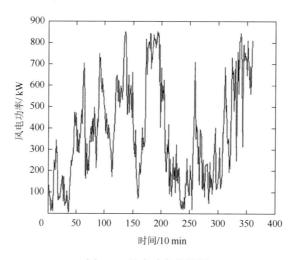

图 2-9　风电功率曲线图

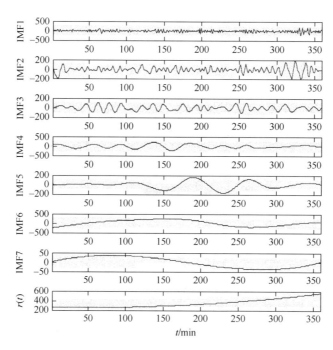

图 2-10　风电功率经 EEMD 分解后各分量图

为验证本节 EEMD 分解方法的有效性，采用 EMD 方法对风功率进行分解，其结果如图 2-11 所示。

由图 2-11 可知，在分量 IMF2～IMF4 中出现了不同频率的混叠现象，而图 2-10 各分量频率都较为平稳。可见，相比于传统 EMD 分解方法，本节提出的 EEMD 分解可以有效避免风电功率分解过程中的模态混叠现象。

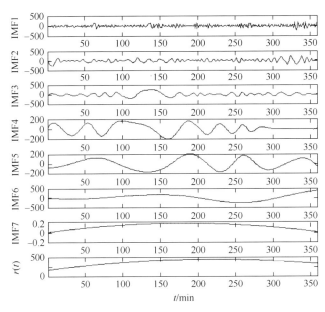

图 2-11　风电功率经 EMD 分解后各分量图

风电功率时间序列经 EEMD 分解后，其余量及各 IMF 分量数据级仍比较大，需对它们进行归一化处理后再利用改进 Elman 神经网络预测。其归一化及反归一化公式分别为

$$y_i = \frac{x_i - x_{\min}}{x_{\max} - x_{\min}} \tag{2-44}$$

$$x_i = (x_{\max} - x_{\min})y_i + x_{\min} \tag{2-45}$$

式中：y_i 为数据进行归一化处理后的结果；x_i 为分解后需归一化的数据；$x_{\min}$ 和 $x_{\max}$ 分别为各分量及余量数据中的最小值和最大值。

为了对预测模型的可靠性及预测结果的精确性进行有效分析，采用均方误差（MSE）、平均绝对百分比误差（MAPE）和均方百分比误差（MSPE）三种误差指标进行定量评估，误差指标的具体公式已在 2.2.1 小节给出。

对各个 IMF 分量分别建立 Elman 神经网络预测模型进行下一步预测，各 IMF 分量的预测模型参数及误差如表 2-1 所示。

表 2-1　各 IMF 预测模型参数及误差

IMF 分量	Elman 模型参数		误差		
	输入层	隐含层	MSE	MAPE	MSPE
1	3	8	9.565	1.1919	1.5277
2	3	7	3.319	0.4732	0.7147
3	5	10	0.362	0.0885	0.3583
4	2	3	0.054	0.0105	0.0168
5	3	8	0.016	0.0148	0.0371

续表

IMF 分量	Elman 模型参数		误差		
	输入层	隐含层	MSE	MAPE	MSPE
6	8	18	0.071	0.0138	0.0323
7	6	13	0.007	0.0026	0.0034
r	5	10	0.513	0.0048	0.0074

最后再将各个模型的预测结果叠加得到最终风电功率预测值，图 2-12 给出了 EEMD-Elman 神经网络模型预测结果对比图。

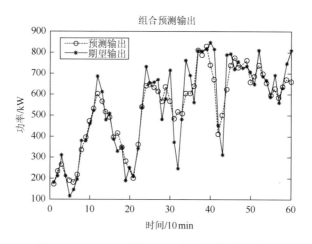

图 2-12　EEMD-改进 Elman 神经网络预测结果

由图 2-12 可知，本节的预测值能紧跟实际值的变化趋势，具有较高的拟合精度，从而验证了该预测模型的有效性。

为进一步对比研究，本小节还利用单一的 BP、Elman 神经网络预测模型和 EMD-Elman 预测模型进行风电功率预测，其预测误差指标对比如表 2-2 所示。

表 2-2　模型性能指标

预测模型	MSE	MAPE	MSPE
BP	18.0740	0.2172	0.2882
Elman	16.8470	0.2164	0.2647
EMD-Elman	12.8340	0.1515	0.2521
EEMD-Elman	9.9245	0.1255	0.1883

由表 2-2 可知，与其他各个预测模型的性能指标相比，EMD-Elman 模型精度更高，具有一定的先进性。其原因是，EEMD 将非平稳特性的风电功率序列转化为一系列的子

序列，再对具有一定规律的子序列进行预测，降低了预测难度。因此，相对于单一的预测方法，本小节中的组合预测模型预测精度较高；而 EEMD 利用噪声特性避免了 EMD 的混叠现象，利用 EEMD 进行分解，预测效果也会更好。

2.5.2　基于 NACEMD-Elman 方法的风电功率预测算例

本小节选取某一风电场内某机组的实测风电功率数据作为算例进行风电功率预测，其采样周期为 15 min，机组的额定功率为 850 kW。为体现组合预测模型的泛用性并验证其精度，随机选取一组风电功率数据并对其进行仿真分析。其中，选用 400 个连续风电功率数据点，按照风电功率的时序特性，以 300 个数据点用于训练，100 个用于仿真结果测试。其功率曲线如图 2-13 所示。

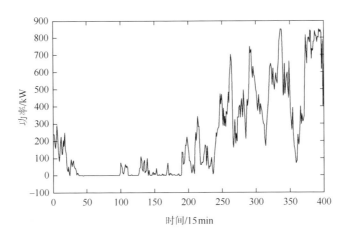

图 2-13　风电功率曲线图

在风电功率分解部分选用 NACEMD 对原始风电功率时间序列进行分解，得到 5 个 IMF 分量和 1 个 $r_n(t)$ 余量，具体波形图如图 2-14 所示。

为检验 NACEMD 分解方法的有效性，使用 EEMD 方法对风电功率进行分解与其进行对比。EEMD 方法共生成了 6 个 IMF 分量和 1 个余量，具体波形如图 2-15 所示。

由图 2-14 和图 2-15 中各子序列的时频特性可以得到，NACEMD 和 EEMD 这两种方法都可以对风电时间序列进行有效分解，二者的 IMF1 和 IMF2 分量均具有频率高、波动性大且周期性不明确的特点。图 2-14 中分量 IMF3～IMF5 频率较低，余量 $r(t)$ 为一条波动较小的曲线。图 2-15 中，分量 IMF3～IMF6 频率较低，余量 $r(t)$ 的波动幅度也并不剧烈。

通过上述二者的比较可以发现，NACEMD 和 EEMD 都减小了模态混叠现象，并且可以分离出高频间歇振荡和低频基信号。但是，这两种方法也存在一定的区别：首先，对图 2-14 中不同时频特性的白噪声进行集成平均会造成 EEMD 在低频部分出现明显的

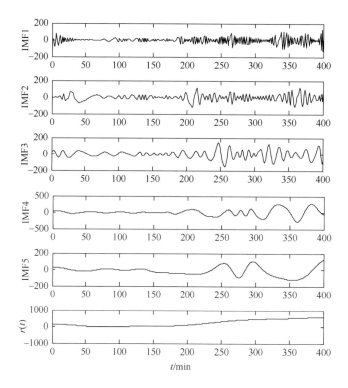

图 2-14　风电功率经 NACEMD 分解后各分量图

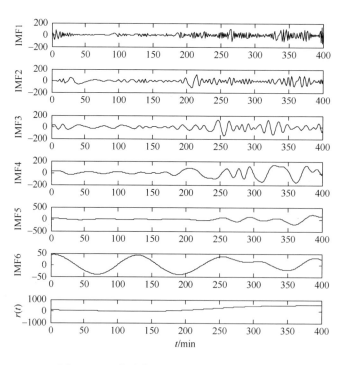

图 2-15　风电功率经 EEMD 分解后各分量图

模态混叠现象，主要体现在相近尺度的信号出现在 IMF4 和 IMF5 中。其次，通过比较二者分解出的 IMF 数量可知，NACEMD 分解的 IMF 数量明显少于 EEMD 分解的 IMF 数量，证明 NACEMD 分解能够得出更多有效 IMF 分量，进而证明 EEMD 分解出的 IMF 中存在无法通过集成平均来消除的噪声信号。

　　可见，相比于 EEMD 分解方法，本节提出的 NACEMD 分解能够更有效地进行风电功率分解，并减轻模态混叠。

　　结合对预测结果的精度和适用性进行定量评估的需求，本小节同样采用均方误差（MSE）、平均绝对百分比误差（MAPE）和均方百分比误差（MSPE）作为误差指标对预测精度进行分析评估，具体公式见 2.2.1 小节。

　　以各 IMF 分量为基础构建 Elman 神经网络预测模型，最终结果由各个 Elman 预测模型组合而成，图 2-16 给出了 NACEMD-Elman 超短期风电功率预测模型预测输出与实际数据的对比结果。

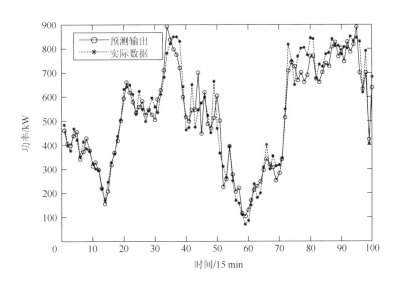

图 2-16　NACEMD-Elman 神经网络预测结果

　　由图 2-16 可知，NACEMD-Elman 超短期风电功率组合预测法的预测输出能紧跟实际数据的变化趋势，误差较低，能够体现该组合预测模型的预测效果。

　　为进一步对比研究，本小节利用 EEMD-Elman 组合预测法及 Elman 预测法进行风电功率预测，其结果分别如图 2-17 和图 2-18 所示。

　　将图 2-17 与图 2-16 相比可知，EEMD-Elman 组合预测法的预测输出与实际数据存在一定误差，而且预测输出无法有效切合实际数据的变化趋势。将图 2-18 与图 2-16 相比可知，单一预测法的预测输出与实际数据存在明显的偏差。

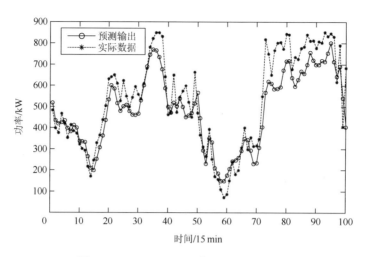

图 2-17　EEMD-Elman 神经网络预测结果

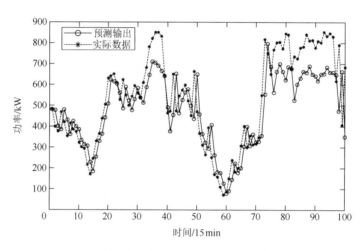

图 2-18　Elman 神经网络预测结果

上述三种方法详细的模型性能指标结果如表 2-3 所示。

表 2-3　模型性能指标

预测模型	MSE	MAPE/%	MSPE/%	相关度/%
Elman	12.057 05	19.916 71	24.783 14	87.675
EEMD-Elman	9.221 42	16.447 08	22.674 60	94.796
NACEMD-Elman	5.934 57	10.022 72	13.983 70	96.613

由表 2-3 可知，将 NACEMD-Elman 组合预测模型与 EEMD-Elman 组合预测模型进行对比，可以发现，NACEMD-Elman 组合预测模型的 MSE、MAPE 和 MSPE 分别为 5.934 57、10.022 72%和 13.983 70%，低于 EEMD-Elman 组合预测模型的 9.221 42、16.447 08%和 22.674 60%，且相关度提升了 1.817%，达到 96.613%。由此可知，基于

NACEMD 分解法的组合预测模型的性能指标优于基于 EEMD 分解法的组合预测模型，这表明 NACEMD 分解法能够更好地分解风电功率，且在当前条件下优于 EEMD 分解法。

　　将单一预测法与组合预测法的模型性能指标进行比较，可以发现，后者的三个误差指标更低，相关度更高，其预测性能明显优于前者。由此可知，组合预测法在当前条件下优于单一预测法。

本章参考文献

[1]　李鹏华, 柴毅, 熊庆宇. 量子门 Elman 神经网络及其梯度扩展的量子反向传播学习算法[J]. 自动化学报, 2013, 39（9）: 1511-1522.

[2]　张靠社, 杨剑. 基于 Elman 神经网络的短期风电功率预测[J]. 电网与清洁能源, 2012, 28（12）: 87-91.

[3]　林梅金, 罗飞, 苏彩红, 等. 一种新的混合智能极限学习机[J]. 控制与决策, 2015, 30（6）: 1078-1084.

[4]　SHENG N, CHEN G C. Wind power prediction based on fuzzy information granulation[C]. Proceedings of the 2015 3rd International Conference on Advances in Energy and Environmental Science, 2015（10）: 49-53.

[5]　严欢, 卢继平, 覃俏云, 等. 基于多属性决策和支持向量机的风电功率非线性组合预测[J]. 电力系统自动化, 2013, 37（10）: 29-34.

[6]　王宁, 叶林, 陈盛, 等. 支持向量机向量维数对短期风电功率预测精度的影响[J]. 电力系统保护与控制, 2012, 40（15）: 63-69.

[7]　王贺, 胡志坚, 张翌晖, 等. 基于 IPSO-LSSVM 的风电功率短期预测研究[J]. 电力系统保护与控制, 2012, 40（24）: 107-112.

[8]　彭春华, 刘刚, 孙惠娟. 基于小波分解和微分进化支持向量机的风电场风速预测[J]. 电力自动化设备, 2012, 32（1）: 9-13.

[9]　王晓兰, 王明伟. 基于小波分解和最小二乘支持向量机的短期风速预测[J]. 电网技术, 2010, 34（1）: 179-184.

[10]　曲从善, 路廷镇, 谭营. 一种改进型经验模态分解及其在信号消噪中的应用[J]. 自动化学报, 2010, 36（1）: 67-73.

[11]　朱宁辉, 白晓民, 董伟杰. 基于 EEMD 的谐波检测方法[J]. 中国电机工程学报, 2013, 33（7）: 92-98.

[12]　杨楠, 叶迪, 周峥, 等. 基于 NACEMD-Elman 神经网络的风功率组合预测[J]. 水电能源科学, 2018, 36（9）: 209-211, 171.

[13]　杨楠, 周峥, 李臻, 等. 基于总体平均经验模态分解与改进 Elman 神经网络的风功率组合预测[J]. 电网与清洁能源, 2015, 31（10）: 112-117, 122

第 3 章

电力系统各发电单元的成本效益模型

3.1 引　　言

电力系统的主体结构包括发电单元（火电厂、水电站等），变电所（升、降压变电所等），输电、配电线路和负荷中心。发电单元作为电力系统的"心脏"，为整个系统正常运行提供所必需的能量动力。目前，主流的发电单元包括火电机组、水电机组、风电机组和光伏发电等。不同类型电源的成本特性、出力调节能力、运行约束等特征并不完全相同，而构建机组组合模型的一个基本前提就是对电源的上述特征进行建模。

本章将从电力行业中应用最普遍的火电机组入手，介绍其成本模型的一般形式及实际意义，并沿着电力行业发展趋势介绍其他类型发电单元的成本或效益模型，为本书后续内容奠定理论基础。

3.2　火电机组的成本模型

燃煤火力发电作为电力系统最常见的发电形式，其原理是将煤燃烧产生的热能通过发电机转化成电能。火力发电具有选址灵活、投资费用低、占地面积小、建站时间短、发电稳定、不受气候影响等特点，因而得到广泛应用。截至目前，燃煤火力发电依然是中国乃至世界上提供电力的主要方式。对于电力市场和电力调度部门，如何通过数学工具对火电机组发电成本进行精细化描述成为火力发电计划编制的重要前提之一。

3.2.1　火电机组的成本函数

火电机组在并网运行过程中存在启动、运行和停运三种状态。不同类型的火电机组在不同状态、不同出力和不同时刻下的成本结构有所不同，但通常情况下，火电机组成本主要考虑运行成本和启停成本，其成本函数[1]的一般形式为

$$F_{\mathrm{G}}(U_{\mathrm{G}it}, P_{\mathrm{G}it}) = \sum_{t=1}^{T} \sum_{i=1}^{N_{\mathrm{G}}} [U_{\mathrm{G}it}(1 - U_{\mathrm{G}i(t-1)}) \cdot S_{\mathrm{G}it}(\tau_{\mathrm{G}it}) + U_{\mathrm{G}it} \cdot R_{\mathrm{G}it}(P_{\mathrm{G}it})] \quad (3\text{-}1)$$

其中，运行成本 $R_{\mathrm{G}it}(P_{\mathrm{G}it})$ 和启停成本 $S_{\mathrm{G}it}(\tau_{\mathrm{G}ti})$ 的具体数学表达形式分别为

$$R_{\mathrm{G}it}(P_{\mathrm{G}it}) = a_i + b_i P_{\mathrm{G}it} + c_i P_{\mathrm{G}it}^2 \quad (3\text{-}2)$$

$$S_{\mathrm{G}it}(\tau_{\mathrm{G}it}) = \alpha_i + \beta_i (1 - \mathrm{e}^{\tau_{\mathrm{G}it}/\omega_i}) \quad (3\text{-}3)$$

式中：$U_{\mathrm{G}it}$ 和 $P_{\mathrm{G}it}$ 为火电机组成本函数的决策变量；$U_{\mathrm{G}it}$ 和 $U_{\mathrm{G}i(t-1)}$ 分别为第 i 号机组在第 t 和第 $t{-}1$ 时段的启停状态，0 表示关机，1 表示开机；$P_{\mathrm{G}it}$ 为第 i 号机组在第 t 时段的有功出力；N_{G} 为参与调度的火电机组总数；T 为调度周期；$S_{\mathrm{G}it}(\tau_{\mathrm{G}ti})$ 为火电机组的启停成本；$R_{\mathrm{G}it}(P_{\mathrm{G}it})$ 为火电机组的运行成本；a_i，b_i 和 c_i 为机组运行成本参数；α_i 为拟合

第 i 号机组启动和维护的费用；β_i 为第 i 号机组在冷却环境下的启动费用；τ_{Git} 为第 i 号机组在第 t 时段已经连续停机的时间；ω_i 为第 i 号机组冷却速度的时间常数。

3.2.2　火电机组的运行约束条件

在实际运行发电过程中，火电机组的出力大小、快慢以及启停次数、时间等会受到一定的限制。一般情况下，火电机组运行须考虑以下几种基本约束条件[1, 2]。

（1）火电机组出力上、下限约束。在实际运行过程中，受火电机组装机容量的限制，其出力会受到出力上限的约束；同时，由于火电机组在把负荷压低到一定程度后，就无法保证燃煤锅炉稳定燃烧，火电机组还受到最小技术出力的约束。火电机组出力上、下限约束的数学表达式为

$$U_{Git} P_{Gi}^{\min} \leqslant P_{Git} \leqslant U_{Git} P_{Gi}^{\max} \tag{3-4}$$

式中：$P_{Gi}^{\min}$ 和 $P_{Gi}^{\max}$ 分别为第 i 号火电机组有功出力的下限和上限。

（2）火电机组爬坡/滑坡约束。在实际运行过程中，受火电机组自身参数及工艺技术等限制，单位时间内火电机组出力存在爬坡/滑坡能力上限，从而单位时间内火电机组出力波动范围受到机组的最大爬坡/滑坡能力的约束。火电机组爬坡约束和滑坡约束的数学表达式分别为

$$\Delta P_{Gi}^{up} U_{Git} + P_{Gi}^{\min}(U_{Git} - U_{Gi(t-1)}) \geqslant P_{Git} - P_{Gi(t-1)} \tag{3-5}$$

$$\Delta P_{Gi}^{down} U_{Git-1} + P_{Gi}^{\min}(U_{Gi(t-1)} - U_{Git}) \geqslant P_{Gi(t-1)} - P_{Git} \tag{3-6}$$

式中：ΔP_{Gi}^{down} 和 ΔP_{Gi}^{up} 分别为第 i 号火力机组每小时内有功输出的最大滑坡能力和最大爬坡能力。

（3）最大启停次数约束。在实际运行过程中，机组启停的频繁调整会产生机械磨损，从而减少火电机组寿命，并影响电力系统运行。因此，需要对火电机组在调度周期内最大启停次数进行限制。火电机组最大启停次数约束的数学表达式为

$$\sum_{t=1}^{T} |U_{Git} - U_{Gi(t-1)}| \leqslant n_i \tag{3-7}$$

式中：n_i 为第 i 号火力机组在调度周期内最大允许启停次数。

（4）最小启停时间约束。在实际运行过程中，由于锅炉加热需要一定的时间，火电机组受最小启动时间的约束；同时，火电机组的启动需消耗大量燃料，启动后短时间运行立即停机将造成极大浪费且不符合实际，因此火电机组运行还受最小停机时间约束。火电机组最小启停时间约束的数学表达式为

$$\begin{cases} (X_{Gi(t-1)}^{up} - T_{Gi}^{up}) \cdot (U_{Gi(t-1)} - U_{Git}) \geqslant 0 \\ (X_{Gi(t-1)}^{down} - T_{Gi}^{down}) \cdot (U_{Git} - U_{Gi(t-1)}) \geqslant 0 \end{cases} \tag{3-8}$$

式中：X_{Git}^{up} 和 X_{Git}^{down} 分别为第 i 号火力机组的连续开机时间和停机时间；T_{Gi}^{up} 和 T_{Gi}^{down} 分别为第 i 号火力机组的最小连续启动和停机时间。

3.3 水电机组的效益模型

水力发电作为重要的清洁能源发电形式之一,具有成本低、无污染和调峰能力强等优点。与火力发电不同,水力发电是将水的势能经水轮机转换成机械能,进而经发电机转换成电能。显然,水电机组发电不会产生任何化石能源消耗。因此,水电机组组合问题通常围绕水电机组的经济效益研究建模:对梯级流域中各级水库库容、区间来水和电站出力等进行量化描述,进而建立水电机组效益函数,并考虑相关的约束条件。

3.3.1 水电机组的效益函数

就水电机组组合问题而言,整个梯级水域流量波动直接影响单个水电站内所有水电机组的启停和出力。因此,在构建水电机组的效益函数时,通常将单个水电站作为发电单元,将水电站出力和水电站相应库容作为主要的决策变量。由于水库中的水具有即用价值和存储价值,水电机组效益[3]一般包括出售电能收益和蓄水量的存水收益,其效益函数形式为

$$F_{\mathrm{H}}(V_{\mathrm{H}jt}, P_{\mathrm{H}jt}) = \sum_{t=1}^{T}\sum_{j=1}^{N_{\mathrm{H}}}[\lambda_{\mathrm{H}jt}\cdot P_{\mathrm{H}jt} + (V_{\mathrm{H}jt} - V_{\mathrm{H}j(t-1)})\cdot f_{\mathrm{H}jt}] \tag{3-9}$$

式中:F_{H} 为整个梯级水电站群在 T 时段集合内的效益;$V_{\mathrm{H}jt}$ 为第 j 级水电站相应水库在第 t 时段末的库容;$P_{\mathrm{H}jt}$ 为第 j 级水电站在 t 时段的出力;t 为时段序号;T 为调度周期;j 为水电站及其相应水库的编号;N_{H} 为所考虑梯级流域的所有水电站及其相应水库的集合;$\lambda_{\mathrm{H}jt}$ 为第 j 级水电站在 t 时段的电价;$f_{\mathrm{H}jt}$ 为第 j 级水电站相应水库在第 t 时段末的单位存水价值。

3.3.2 水电机组的运行约束条件

在实际运行发电过程中,水电机组会受到出力大小、库容、发电流量和弃水流量等限制。一般情况下,水电机组运行须考虑以下几种基本约束条件[4,5]。

1)水电站出力上、下限约束

在实际运行过程中,受水电机组额定容量的限制,水电站出力受到上限约束;同时,由于发电流量低于一定程度后,将无法保证水电机组的正常运转,水电站出力受水电机组最小技术出力限制。水电站出力上、下限约束的数学表达式为

$$P_{\mathrm{H}j}^{\min} \leqslant P_{\mathrm{H}jt} \leqslant P_{\mathrm{H}j}^{\max} \tag{3-10}$$

式中:$P_{\mathrm{H}j}^{\min}$ 和 $P_{\mathrm{H}j}^{\max}$ 分别为第 j 级水电站的最小和最大出力。

2）库容约束

在实际运行过程中，受水电站建造规模大小限制，水电站将受到最大和最小库容的约束。水电站库容约束的数学表达式为

$$V_{\mathrm{H}j}^{\min} \leqslant V_{\mathrm{H}jt} \leqslant V_{\mathrm{H}j}^{\max} \tag{3-11}$$

式中：$V_{\mathrm{H}j}^{\min}$ 和 $V_{\mathrm{H}j}^{\max}$ 分别为第 j 级水电站水库的最小和最大库容。

3）发电流量约束

在实际运行过程中，受水电站的最小出力限制，引用流量需不小于最小发电引用流量；受水电站地理位置和库容大小限制，引用流量也不能大于最大发电引用流量，水电站发电流量约束的数学表达式为

$$Z_{\mathrm{H}j}^{\min} \leqslant Z_{\mathrm{H}jt} \leqslant Z_{\mathrm{H}j}^{\max} \tag{3-12}$$

式中：$Z_{\mathrm{H}j}^{\min}$ 和 $Z_{\mathrm{H}j}^{\max}$ 分别为第 j 级水电站水库的最小和最大发电引用流量。

4）弃水流量约束

在实际运行过程中，由于水电站弃水流量过大将破坏水电站上下游自然生态，弃水流量受上限约束；水电站弃水量过小则不能满足下一级水电站发电流量需求，弃水流量受下限约束。水电站弃水流量约束的数学表达式为

$$S_{\mathrm{H}j}^{\min} \leqslant S_{\mathrm{H}jt} \leqslant S_{\mathrm{H}j}^{\max} \tag{3-13}$$

式中：$S_{\mathrm{H}j}^{\min}$ 和 $S_{\mathrm{H}j}^{\max}$ 分别为第 j 级水电站水库的最小和最大弃水流量。

3.4　风电机组的成本模型

风能作为一种清洁可再生的能源，具有装机容量增长空间大、成本下降空间大和无污染等优点。然而，风力发电的间歇性和反调峰特性以及风电成本难以精细化评估等问题，导致弃风现象严重，风电场经济效益差。因此，在保证电网安全运行的同时精细化评估风电成本成为风电并网的重要前提之一。近年来，有学者就风电并网优化调度问题开展了相关研究，并取得了一定成果。本节将结合风电成本模型的现有相关研究，对风电机组的成本函数和运行约束条件的数学模型进行介绍。

3.4.1　风电机组的成本函数

1. 考虑风电不确定性带来的调峰备用，引入弃风惩罚成本

风电本身不消耗化石类能源，其燃料成本可以忽略不计。但风电并网后，风力发电的间歇性和反调峰特性使得电力系统需提供额外旋转备用，如此一来，如何减小额外旋转备用并量化调峰备用成本成为研究焦点。有研究[6,7]以弃风惩罚的形式将上述因素考

虑到风电机组的成本函数中，其数学表达式为

$$F_{\mathrm{W1}}(P_{\mathrm{W}kt}) = \beta_{\mathrm{W}} \sum_{t=1}^{T} \sum_{k=1}^{N_{\mathrm{w}}} (P_{\mathrm{W}kt}^{*} - P_{\mathrm{W}kt}) \tag{3-14}$$

式中：T 为调度时段；β_{W} 为弃风惩罚成本系数；N_{w} 为风电场数；$P_{\mathrm{W}kt}^{*}$ 为第 k 号风电场在第 t 时段预测出力；$P_{\mathrm{W}kt}$ 为第 k 号风电场在第 t 时段实际出力。

2. 精细化分析风电出力不确定性所付出的代价，引入风电出力不确定性机会成本

与火电机组不同，风电机组的出力具有不确定性，需对日前风电机组出力进行预测。当风电出力被高估时，其他机组将上调有功出力输出；相反，当风电出力被低估时，其他机组将下调有功输出。因此，电力系统接纳不确定性风电出力将付出一定的代价。由于适应风电出力不确定性而多增加的部分运行成本，属于经济学意义上的机会成本范畴。据此，有研究[7-9]提出了考虑风电出力不确定性的机会成本函数，其数学表达式为

$$F_{\mathrm{W2}}(v_{\mathrm{W}kt}^{(z)}, P_{\mathrm{W}kt}^{(z)}) = \sum_{t=1}^{T} \sum_{k=1}^{N_{\mathrm{w}}} \sum_{z=1}^{Z_{\mathrm{w}}} v_{\mathrm{W}kt}^{(z)} C_{\mathrm{W}kt}^{\mathrm{OC}} [C_{\mathrm{W}kt}^{\mathrm{H}}(P_{\mathrm{W}kt}^{(z)}) + C_{\mathrm{W}kt}^{\mathrm{L}}(P_{\mathrm{W}kt}^{(z)})] \tag{3-15}$$

其中，调度计划预测值被高估和被低估两种情况下系统所付出代价的期望成本 $C_{\mathrm{W}kt}^{\mathrm{H}}(P_{\mathrm{W}kt}^{(z)})$ 和 $C_{\mathrm{W}kt}^{\mathrm{L}}(P_{\mathrm{W}kt}^{(z)})$ 的具体数学表达形式分别为

$$C_{\mathrm{W}kt}^{\mathrm{H}}(P_{\mathrm{W}kt}^{(z)}) = \gamma_{\mathrm{W}rt} \int_{P_{\mathrm{W}kt}^{\min}}^{P_{\mathrm{W}kt}^{(z)}} (P_{\mathrm{W}kt}^{(z)} - P_{\mathrm{W}kt}) f_{\mathrm{W}kt}(P_{\mathrm{W}kt}) \mathrm{d}P_{\mathrm{W}kt} \tag{3-16}$$

$$C_{\mathrm{W}kt}^{\mathrm{L}}(P_{\mathrm{W}kt}^{(z)}) = \gamma_{\mathrm{W}pt} \int_{P_{\mathrm{W}kt}^{(z)}}^{P_{\mathrm{W}kt}^{\max}} (P_{\mathrm{W}kt} - P_{\mathrm{W}kt}^{(z)}) f_{\mathrm{W}kt}(P_{\mathrm{W}kt}) \mathrm{d}P_{\mathrm{W}kt} \tag{3-17}$$

式中：F_{W2} 为系统的风电出力总成本；T 为调度周期；N_{w} 为风电场集合；Z_{w} 为风电场设定的调度计划总数；$v_{\mathrm{W}kt}^{(z)}$ 为第 k 个风电场在第 t 时段的第 z 个调度计划预测值被调用的状态，其值为 1 表示采用该预测值，其值为 0 表示不采用该预测值；$C_{\mathrm{W}kt}^{\mathrm{OC}}$ 为第 k 个风电场在第 t 时段的风电出力不确定性机会成本，其值为风电出力第 z 个调度计划预测值被高估和被低估两种情况下系统所付出代价的期望成本之和；$P_{\mathrm{W}kt}^{(z)}$ 为第 k 个风电场在第 t 时段的第 z 个调度计划预测值；$\gamma_{\mathrm{W}rt}$ 和 $\gamma_{\mathrm{W}pt}$ 分别为风电调度计划预测值大于或小于实际风电出力时，系统调用其他发电资源所消耗的单位能耗费用；$P_{\mathrm{W}kt}^{\min}$ 和 $P_{\mathrm{W}kt}^{\max}$ 分别为相应风电场相应时段在某一置信水平下的最小和最大风电出力；$P_{\mathrm{W}kt}$ 为相应风电场实际出力，其值为满足概率密度函数 $f_{\mathrm{W}kt}(P_{\mathrm{W}kt})$ 分布的随机变量。

3.4.2　风电机组的运行约束条件

对于风电机组来说，通常情况下仅考虑风电出力约束，其数学表达式为

$$0 \leqslant P_{\mathrm{W}kt} \leqslant P_{\mathrm{W}k}^{\max} \tag{3-18}$$

式中：$P_{\mathrm{W}kt}$ 为第 k 个风电场在第 t 时段的实际出力；$P_{\mathrm{W}k}^{\max}$ 为第 k 个风电场的出力上限。

3.5　其他发电单元的成本模型

除了上述火电、水电和风电三大主力电源外，近年来，光伏发电、天然气发电、潮汐发电和生物发电等也备受能源领域研究人员的关注。有学者就这类发电单元并网优化调度问题开展了相关研究，并取得了一定成果。本节将结合调度领域有关研究成果，以光伏发电单元和天然气发电单元为例，对其成本函数和运行约束条件的数学模型进行介绍。

3.5.1　光伏发电单元的成本模型

1. 光伏发电单元的成本函数[10, 11]

光伏发电作为典型的可再生清洁发电形式，与风电一样，不消耗化石类能源，其燃料成本可以忽略不计。有研究将光伏电站作为发电单元，在并网发电及政府补贴模式下建模光伏发电成本函数，主要考虑光伏电站的运行维护费用和损耗费用，其数学表达形式为

$$F_S(U_{Slt}, P_{Slt}) = \sum_{t=1}^{T} \sum_{l=1}^{N_S} [\mu_S U_{Slt} + U_{Slt} \cdot R_{Sl} \cdot P_{Slt} \cdot (\delta_S + \varepsilon_S)] \tag{3-19}$$

式中：U_{Slt} 为第 l 个光伏电站在第 t 时段的并网状态，0 表示脱网，1 表示并网；P_{Slt} 为第 l 个光伏电站在第 t 时段的有功出力；N_S 为参与调度的光伏电站总数；T 为调度周期；μ_S 为光伏电站的日运行维护成本系数；R_{Sl} 为第 l 个光伏电站的电能损失率；δ_S 为政府补贴电价；ε_S 为当地燃煤机组标杆上网电价。

2. 光伏发电单元的运行约束条件

在实际运行过程中，由于光伏板材料及光电转化技术的限制，光伏电站出力受到一定约束，其数学表达式为

$$0 \leqslant P_{Slt} \leqslant P_{Sl}^{\max} \tag{3-20}$$

式中：P_{Slt} 为第 l 个光伏电站的实际出力；$P_{Sl}^{\max}$ 为第 l 个光伏电站的出力上限。

3.5.2　天然气发电单元的成本模型

1. 天然气发电单元的成本函数[12, 13]

与传统燃煤发电机相比，燃气发电机通过使用天然气等燃料降低了对环境的污染。天然气发电成本主要包括燃料成本和运行维护成本。其数学表达形式为

$$F_O(U_{Omt},P_{Omt})=\sum_{t=1}^{T}\sum_{m=1}^{N_O}(U_{Omt}\cdot\rho_O\cdot P_{Omt}+C_{Om}\cdot P_{Omt}) \quad (3\text{-}21)$$

式中：U_{Omt} 为第 m 号燃气机组在第 t 时段的启停状态，0 表示关机，1 表示开机；P_{Omt} 为第 m 号燃气机组在第 t 时段的有功出力；N_O 为参与调度的燃气机组总数；T 为调度周期；ρ_O 为燃气机组单位有功出力下的燃料价格；C_{Om} 为第 m 号燃气机组在单位出力下的运行成本。

2. 天然气发电单元的运行约束条件

在实际运行过程中，受燃气机组额定容量及自身转化效率的限制，燃气机组有功出力将受到上、下限约束。其数学表达式为

$$P_{Om}^{min}\leqslant P_{Omt}\leqslant P_{Om}^{max} \quad (3\text{-}22)$$

式中：P_{Om}^{min} 和 P_{Om}^{max} 分别为第 m 号燃气机组的出力下限和上限。

本章参考文献

[1] 杨楠，王璇，周峥，等. 基于改进约束序优化方法的带安全约束的不确定性机组组合问题研究[J]. 电力系统保护与控制，2018，46（11）：109-117.

[2] WU H Y，SHAHIDEHPOUR M. Stochastic SCUC solution with variable wind energy using constrained ordinal optimization[J]. IEEE Transactions on Sustainable Energy，2014，5（2）：379-388.

[3] 谢蒙飞. 梯级水电站随机发电调度及调峰计划编制研究[D]. 武汉：华中科技大学，2017.

[4] 华振兴. 梯级水电站群短期优化调度[D]. 武汉：华中科技大学，2006.

[5] 纪昌明，周婷，王丽萍，等. 水库水电站中长期隐随机优化调度综述[J]. 电力系统自动化，2013，37（16）：129-135.

[6] 卢锦玲，张津，丁茂生. 含风电的电力系统调度经济性评价[J]. 电网技术，2016，40（8）：2258-2264.

[7] ZHAO X L，WU L L，ZHANG S F. Joint environmental and economic power dispatch considering windpower integration：empirical analysis from Liaoning province of China[J]. Renewable Energy，2013，（52）：260-265.

[8] 杨冬锋. 适应大规模风电并网的电力系统有功调度策略研究[D]. 哈尔滨：哈尔滨工业大学，2016.

[9] 刘纯，曹阳，黄越辉，等. 基于时序仿真的风电年度计划制定方法[J]. 电力系统自动化，2014，38（11）：13-19.

[10] BERTSIMAS D，LITVINOV E，SUN X A，et al. Adaptive robust optimization for the security constrained unit commitment problem[J]. IEEE Transactions on Power Systems，2013，28（1）：52-63.

[11] 苏剑，周莉梅，李蕊. 分布式光伏发电并网的成本/效益分析[J]. 中国电机工程学报，2013，33（34）：50-56.

[12] FAN M T，ZHANG Z P，LIANG H S. Cost-benefit analysis of integration DER into distribution network[C]. Integration of Renewables into the Distribution Grid. Lisbon，2012.

[13] 张泽昊. 风-天然气互补发电模型及天然气调度设计[D]. 北京：北京交通大学，2016.

第 *4* 章

常规电力系统的机组组合问题

4.1　引　　言

传统经济调度模式下,电力系统中的机组组合是指,在一定的调度周期内,在满足系统各种实际运行约束条件的前提下,以系统发电成本最小为目标,制定机组的启停和出力计划。由于现代各种机组组合新理论均是在对常规机组组合问题的研究基础上发展而来的,本章将重点对常规机组组合问题进行深入的介绍。另外,值得注意的是,随着人们对电力系统精细化运行的需求日益提高,电网运行部门对发电计划的编制也提出了更高的要求,因此当前的机组组合模型普遍考虑了系统网络安全约束[1]。本章将考虑网络安全约束的机组组合问题也归为常规机组组合范畴进行介绍,同时,还将对常规机组组合问题的常用求解方法进行介绍。

4.2　常规机组组合模型

常规机组组合问题主要考虑的是火电机组的成本费用,而第3章已经对火电机组的发电成本函数进行了较为详尽的介绍,本节将在此基础上进一步讨论常规机组组合模型。

1. 目标函数

常规机组组合模型以系统总运行成本最小为目标函数,总的运行成本主要包括燃料费用和机组的启停费用两个部分。其数学形式为

$$\min F(U_{Git}, P_{Git}) = \sum_{t=1}^{T} \sum_{i=1}^{N_G} [U_{Git}(1 - U_{Gi(t-1)}) \cdot S_{Git}(\tau_{Git}) + U_{Git} \cdot R_{Git}(P_{Git})] \quad (4-1)$$

其中,发电机组的运行成本和启停成本的具体数学表达式分别为

$$R_{Git}(P_{Git}) = a_i + b_i P_{Git} + c_i P_{Git}^2 \quad (4-2)$$

$$S_{Git}(\tau_{Gti}) = \alpha_i + \beta_i(1 - e^{\tau_{Gti}/\omega_i}) \quad (4-3)$$

式中符号的具体含义详见 3.2 节。

2. 约束条件

1)系统有功平衡约束

$$\sum_{i=1}^{M} U_{Git} P_{Git} = P_{\text{load}t} \quad (4-4)$$

2）火电机组出力上、下限约束

$$U_{Git}P_{Gi}^{\min} \leqslant P_{Git} \leqslant U_{Git}P_{Gi}^{\max} \tag{4-5}$$

3）火电机组爬坡/滑坡约束

$$\Delta P_{Gi}^{up}U_{Git} + P_{Gi}^{\min}(U_{Git} - U_{Gi(t-1)}) \geqslant P_{Git} - P_{Gi(t-1)} \tag{4-6}$$

$$\Delta P_{Gi}^{down}U_{Git-1} + P_{Gi}^{\min}(U_{Gi(t-1)} - U_{Git}) \geqslant P_{Gi(t-1)} - P_{Git} \tag{4-7}$$

4）最大启停次数约束

$$\sum_{t=1}^{T}\left|U_{Git} - U_{Gi(t-1)}\right| \leqslant n_i \tag{4-8}$$

5）最小启停时间约束

$$\begin{cases} (X_{Gi(t-1)}^{up} - T_{Gi}^{up}) \cdot (U_{Gi(t-1)} - U_{Git}) \geqslant 0 \\ (X_{Gi(t-1)}^{down} - T_{Gi}^{down}) \cdot (U_{Git} - U_{Gi(t-1)}) \geqslant 0 \end{cases} \tag{4-9}$$

式中符号的具体含义详见 3.2 节。

4.3　考虑安全约束的机组组合模型

电能是以电网为媒介向用户传输的，然而，常规机组组合模型中并没有考虑网络安全约束，而是将网络部分虚拟等效成一个电气节点，以此为基础形成的运行方案往往会导致电压越限，从而直接影响电网运行的安全性和稳定性。同时，随着电力工业逐步走向日益开放的市场环境，电网运行部门对系统安全经济运行的要求日益提高。因此，在机组组合模型中考虑安全约束已成为全行业的共识[2,3]，目前，考虑安全约束的机组组合已经得到了广泛应用。相比于常规机组组合模型，考虑安全约束的机组组合模型并无太大改变，主要是在约束条件中多考虑了网络安全约束。

1. 目标函数

考虑安全约束的机组组合的目标是在满足机组物理特性约束和网络安全约束的前提下，使得系统在一定调度周期内的总运行成本最小，目标函数的数学形式同式（4-1）。

2. 约束条件

常规约束条件同式（4-4）～（4-9），除此之外，考虑安全约束的机组组合模型还要考虑系统网络安全约束，其数学形式为

$$-P_{l\max} \leqslant \sum_{i=1}^{M}(K_{Gli}P_{Git}) - \sum_{d=1}^{D}(K_{Dlk}P_{Dkt}) \leqslant P_{l\max} \tag{4-10}$$

51

式中：$P_{l\max}$ 为流过线路 l 上功率绝对值的上限；K_{Gli} 和 K_{Dlk} 分别为火电机组和负荷的网络转移因子[4]；D 为负荷节点总数量；d 为负荷节点编号。

需要指出的是，上述网络安全约束是基于直流潮流模型构建的。一方面是因为直流潮流模型求解无须迭代，只需一次计算即可得到各节点功率[5]，从而极大地降低了 SCUC 问题的求解难度[6]；另一方面是因为传统发电机组具有良好的调节性能且几乎不会从电网吸收无功功率。因此可以假设：各节点电压为额定电压，线路两端相角差为零，线路电阻为零，且在此前提下将精确交流潮流模型简化为直流潮流模型而不影响其计算精度[7]。

4.4 常规机组组合模型的求解方法

目前，常规机组组合模型的求解方法可分为三类：启发式算法，如局部寻优法、优先顺序法和逆序停机法等；数学优化算法，如动态规划法、拉格朗日松弛法、内点法、混合整数规划法和 Benders 分解法等；智能优化算法，如遗传算法、模拟退火算法、生物地理学算法和粒子群算法等。其中，第一类方法速度较快，简单易操作，但难以适应现在复杂的电力系统，正逐步被淘汰；第二类方法以严格的数学推导为基础，具有明确的物理意义，是目前求解机组组合问题的热门方向，但其求解过程通常比较烦琐；第三类方法大多源于对生物或社会现象的模拟，对数学推导的要求较低，求解机组组合问题也能取得良好的效果，但其优化结果受初值及寻优规则的影响，具有一定的随机性，且容易出现早熟的情况。

从机组组合模型求解的角度来看，常规机组组合模型与考虑安全约束的机组组合模型在数学形式上并无太大区别，本质上都是典型的混合整数规划问题，只是约束条件的复杂度存在差异，因此上述两种机组组合模型的求解方法具有一定的通用性。本节将对电力系统机组组合领域应用较为广泛、发展较为成熟的几种数学优化算法和智能算法进行相应的理论和应用介绍。

4.4.1 拉格朗日松弛法

拉格朗日松弛法是一种对偶优化方法，该方法的应用研究始于 20 世纪 70 年代，多用于解决带等式约束或不等式约束的数学优化问题，这类问题的特征是目标函数相对于决策变量具有可分性，但约束条件之间有较强的耦合性。

1. 拉格朗日松弛法的基本原理

拉格朗日松弛法的基本思想是引入拉格朗日乘子，将增大求解难度的约束条件引入目标函数中，从而使问题容易求解。这种思想主要基于以下原因：一些优化问题在现有的约束条件下很难求得最优解，但在原有问题的基础上减少一些约束后，求解的难度就会大大降低。这些减少的约束被称为难约束。

本小节将以求解整数规划问题为例，介绍拉格朗日松弛法的基本原理。

1）整数规划问题模型

本节以整数规划（integer programming，IP）为基础来讨论拉格朗日松弛法的基本原理，混合整数规划也可进行相应讨论。整数规划的数学模型为

$$z_{IP} = \min \boldsymbol{c}^{\mathrm{T}} \boldsymbol{x}$$
$$\text{s.t.} \begin{cases} \boldsymbol{Ax} \geqslant \boldsymbol{b} \\ \boldsymbol{x} \in \boldsymbol{Z}_+^n \end{cases} \tag{4-11}$$

式中：决策变量 $\boldsymbol{x}$ 为 n 维列向量；$\boldsymbol{c}$ 为 n 维列向量；$\boldsymbol{A}$ 为 $m \times n$ 矩阵；$\boldsymbol{b}$ 为 m 维列向量；$\boldsymbol{Z}_+^n$ 为 n 维非负整数向量的集合。

2）拉格朗日松弛法处理策略

为了适应拉格朗日松弛法讨论，将整数规划问题描述为

$$z_{IP} = \min \boldsymbol{c}^{\mathrm{T}} \boldsymbol{x}$$
$$\text{s.t.} \begin{cases} \boldsymbol{Ax} \geqslant \boldsymbol{b} & \text{（复杂约束）} \\ \boldsymbol{Bx} \geqslant \boldsymbol{d} & \text{（简单约束）} \\ \boldsymbol{x} \in \boldsymbol{Z}_+^n \end{cases} \tag{4-12}$$

式中：$(\boldsymbol{A}, \boldsymbol{b})$ 为 $m \times (n+1)$ 整数矩阵；$(\boldsymbol{B}, \boldsymbol{d})$ 为 $l \times (n+1)$ 整数矩阵。记 IP 的可行区域为 $S = \{\boldsymbol{x} \in \boldsymbol{Z}_+^n \mid \boldsymbol{Ax} \geqslant \boldsymbol{b}, \boldsymbol{Bx} \geqslant \boldsymbol{d}\}$。

在整数规划模型中，$\boldsymbol{Ax} \geqslant \boldsymbol{b}$ 被称为复杂约束是指，若将该项约束去掉，则 IP 问题的求解难度将显著降低，即假定

$$\min \boldsymbol{c}^{\mathrm{T}} \boldsymbol{x}$$
$$\text{s.t.} \begin{cases} \boldsymbol{Bx} \geqslant \boldsymbol{d} \text{（简单约束）} \\ \boldsymbol{x} \in \boldsymbol{Z}_+^n \end{cases} \tag{4-13}$$

这种处理方式的求解难度将远小于原问题。

对给定的 $\boldsymbol{\lambda} = (\lambda_1, \lambda_2, \cdots, \lambda_m)^{\mathrm{T}} \geqslant \boldsymbol{0}$，IP 对 $\boldsymbol{\lambda}$ 的拉格朗日松弛定义为

$$z_{LR}(\boldsymbol{\lambda}) = \min\{\boldsymbol{c}^{\mathrm{T}} \boldsymbol{x} + \boldsymbol{\lambda}^{\mathrm{T}}(\boldsymbol{b} - \boldsymbol{Ax})\}$$
$$\text{s.t.} \begin{cases} \boldsymbol{Bx} \geqslant \boldsymbol{d} \\ \boldsymbol{x} \in \boldsymbol{Z}_+^n \end{cases} \tag{4-14}$$

LR 的可行解区域记为 $S_{LR} = \{\boldsymbol{x} \in \boldsymbol{Z}_+^n \mid \boldsymbol{Bx} \geqslant \boldsymbol{d}\}$。LR 也同样具有复杂性，且若 IP 的可行解区域非空，则

$$\forall \boldsymbol{\lambda} \geqslant \boldsymbol{0} \Rightarrow z_{LR}(\boldsymbol{\lambda}) \leqslant z_{IP} \tag{4-15}$$

式（4-15）说明，拉格朗日松弛是 IP 问题的下界，而我们的目的是求与 z_{IP} 最接近的下界，即求解

$$z_{LD} = \max_{\boldsymbol{\lambda} \geqslant \boldsymbol{0}} z_{LR}(\boldsymbol{\lambda}) \tag{4-16}$$

式（4-16）为 IP 的拉格朗日对偶（Lagrange duality，LD）。

由上述描述可知，只有给出较好的 $\boldsymbol{\lambda}$ 和 $\boldsymbol{x}$，才能得到 $z_{IP}-z_{LD}$ 较好的估计值，在有多种约束组合可松弛的拉格朗日松弛问题中，我们要选择使 $z_{IP}-z_{LD}$ 最小的松弛。

2. 拉格朗日松弛法求解机组组合问题

常规机组组合问题的约束可以分为系统约束和机组约束两类，系统约束以惩罚项的形式加入目标函数中，形成拉格朗日对偶问题，并分解为一系列子问题，通过对偶问题与单机子问题之间的迭代求得最优解。

通过对常规机组组合的约束式（本节以功率平衡约束和负荷备用约束为例）进行松弛，可以得到原问题的拉格朗日松弛问题为

$$L(P,U,\boldsymbol{\lambda},\boldsymbol{\mu})=F(P_{Git},U_{Git})+\sum_{t=1}^{T}\lambda^t\left(P_{loadt}-\sum_{i=1}^{M}P_{Git}U_{Git}\right)_1+\sum_{t=1}^{T}\mu^t\left(P_{loadt}+R-\sum_{i=1}^{M}\bar{P}_{Git}U_{Git}\right)$$

$$(4\text{-}17)$$

式中：λ^t 为与系统 t 时刻功率平衡约束相对应的拉格朗日乘子；μ^t 为与 t 时刻系统备用约束相对应的拉格朗日乘子。

拉格朗日松弛问题的最优解是原问题最优解的一个下界。因此，为了改进下界的质量，更接近最优解，需要求解拉格朗日松弛对偶问题：

$$q(\boldsymbol{\lambda},\boldsymbol{\mu})=\max_{\lambda^t,\mu^t}q(\boldsymbol{\lambda},\boldsymbol{\mu}) \tag{4-18}$$

其中，

$$q(\boldsymbol{\lambda},\boldsymbol{\mu})=\min_{P_{Git},U_{Git}}L(P,U,\boldsymbol{\lambda},\boldsymbol{\mu}) \tag{4-19}$$

拉格朗日松弛函数式（4-17）可改写为

$$L=\sum_{i=1}^{N}\sum_{t=1}^{T}\{[f_i(P_{Git})+C_{i,t}(1-U_{Git}^{t-1})]U_{Git}-\lambda^t P_{Git}U_{Git}-\mu^t\bar{P}_{Git}U_{Git}\}$$

$$+\sum_{t=1}^{T}[\lambda^t P_{loadt}+\mu^t(P_{loadt}+R^t)] \tag{4-20}$$

由式（4-20）可以看出，前一部分只与每个机组自身参数及运行约束有关，后一部分在拉格朗日乘子已知的情况下为定值。因此，拉格朗日松弛问题即转化为子问题的求解，即运用对偶理论，形成两层的优化问题。其中，底层问题用于求解优化子问题：

$$\min_{P_i^t,U_{i,t}}L_i=\sum_{t=1}^{T}\left\{[f_i(P_{Git})+C_{i,t}(1-U_{Git}^{t-1})]U_{Git}-\lambda^t P_{Git}U_{Git}-\mu^t\bar{P}_{Git}U_{Git}\right\},\quad i=1,2,\cdots,n \tag{4-21}$$

而上层问题优化拉格朗日乘子，即求解对偶问题：

$$\max_{\boldsymbol{\lambda},\boldsymbol{\mu}}L(\boldsymbol{\lambda},\boldsymbol{\mu})=\sum_{i=1}^{M}L_i^*(\boldsymbol{\lambda},\boldsymbol{\mu})+\sum_{t=1}^{T}[\lambda^t P_{loadt}+\mu^t(P_{loadt}+R)],\quad \mu^t\geqslant 0;t=1,2,\cdots,T \tag{4-22}$$

式中：$L_i^*(\boldsymbol{\lambda},\boldsymbol{\mu})$ 为底层问题对于给定的 $\boldsymbol{\lambda}$ 和 $\boldsymbol{\mu}$ 的优化拉格朗日函数值。

在机组组合问题中，由于离散变量的存在，无论是原问题还是其对偶问题都不能保证有最优解，对偶问题的任一可行解的目标函数值，都是其原问题最小化目标函数值的下界，而原问题的任一可行解的目标函数值都是其对偶问题目标函数值的上界，这中间的差值称为对偶间隙。对偶间隙的大小，直接反映了迭代求解过程中所获得的机组组合方案的优劣程度，因此可以作为算法是否结束的标准。

为了便于计算，取相对对偶间隙作为标准，其数学形式为

$$\text{GAP} = \frac{F - L}{L} \tag{4-23}$$

当相对对偶间隙满足所要求的精度或迭代次数达到最大迭代次数时，迭代结束，得到机组组合最优决策方案。

4.4.2　Benders 分解法

Benders 分解法由奔德斯（J.F.Benders）于 1962 年首次提出，是求解大规模混合整数规划问题的一种分解协调方法。相较于传统数学优化算法，Benders 分解法能巧妙地发现起作用的约束条件，逐步缩小问题的搜索空间，更容易寻求全局最优解，从而提升复杂优化问题的求解效率。

1. Benders 分解法的基本原理

Benders 分解法通过将原始的优化问题分解为一个主问题（master problem，MP）和多个子问题（subproblem，SP）进行求解，得到与原问题相同的优化结果，从而降低原问题的求解难度。一般而言，主问题多为整数规划问题，而子问题多为线性规划问题。对于带约束的最小化问题，其主问题的约束条件少于原始优化问题，其最优解为原始优化问题目标函数的下界；在子问题中利用剩余的约束条件对主问题的解进行校核。若子问题的解是可行的，则利用该解对主问题的目标函数进行修正，并进一步优化，从而求得原始优化问题目标函数的上界；反之，若子问题的解不可行，将会产生一个不可解的 Benders 割加入主问题中，并进行优化计算得到新的下界。经过主问题与子问题之间的多次循环迭代计算，直到主问题的目标函数的下界与上界足够接近，小于预设的误差限，则迭代停止，即认为得到原始优化问题的最优解。

对于一个标准的混合整数规化问题，其目标函数和约束条件为

$$\min \boldsymbol{\mu}^{\mathrm{T}} \boldsymbol{x} + \boldsymbol{d}^{\mathrm{T}} \boldsymbol{y}$$
$$\text{s.t.} \begin{cases} \boldsymbol{A}\boldsymbol{x} \geqslant \boldsymbol{b} \\ \boldsymbol{E}\boldsymbol{x} + \boldsymbol{F}\boldsymbol{y} \geqslant \boldsymbol{h} \end{cases} \tag{4-24}$$

式中：$\boldsymbol{E}$ 和 $\boldsymbol{F}$ 均为线性系数矩阵。

采用 Benders 分解法，该问题可以分解为一个主问题和一个子问题。主问题的数学形式为

$$\min \boldsymbol{\mu}^{\mathrm{T}}\boldsymbol{x}$$
$$\text{s.t.} \begin{cases} \boldsymbol{Ax} \geqslant \boldsymbol{b} & \text{(MP)} \\ \boldsymbol{\omega(x)} \leqslant \boldsymbol{0} \end{cases} \quad (4\text{-}25)$$

式中：$\boldsymbol{\omega(x)}$为当子问题不可解时由子问题导入主问题的 Benders 割。

若主问题初始的最优解为$\hat{\boldsymbol{x}}$，子问题的数学形式可以写为

$$\min \boldsymbol{d}^{\mathrm{T}}\boldsymbol{y} \quad \text{(SP)}$$
$$\text{s.t.} \quad \boldsymbol{Fy} \geqslant \boldsymbol{h} - \boldsymbol{E\hat{x}} \quad (4\text{-}26)$$

若子问题不可解，说明主问题的解$\hat{\boldsymbol{x}}$不可行，就会产生不可解的 Benders 割$\boldsymbol{\omega(x)} < \boldsymbol{0}$。Benders 割的线性化形式为

$$\boldsymbol{\omega(x)} = \boldsymbol{\omega(\hat{x})} + \boldsymbol{\gamma(x - \hat{x})} \leqslant \boldsymbol{0} \quad (4\text{-}27)$$

式中：$\boldsymbol{\omega(\hat{x})}$为子问题的最优值；$\hat{\boldsymbol{x}}$为主问题的解；$\boldsymbol{\gamma}$为子问题对偶问题的因子向量，其第$i$个元素$\gamma_i$可由下式求得：

$$\gamma_i = \frac{\partial \omega}{\partial x_i} \quad (4\text{-}28)$$

Benders 分解算法实现流程如图 4-1 所示。

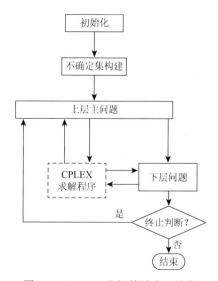

图 4-1　Benders 分解算法实现流程

2. Benders 分解法求解 SCUC 问题

根据实际运行经验，SCUC 模型中大部分网络约束为非起作用约束，利用 Benders 分解法，可以将 SCUC 模型分解为一个主问题和若干个子问题。主问题考虑少数的约束条件，优化机组启停；子问题在机组启停状态确定的情况下，检验其他约束条件是否满足，若存在不可行情况，则向主问题返回 Benders 割。如此迭代直至子问题的可行性全部得到满足，如图 4-2 所示。

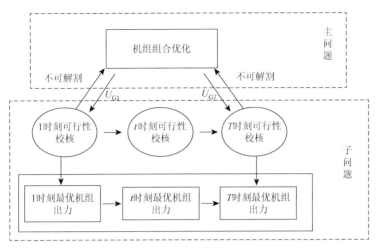

图 4-2 Benders 分解法求解示意图

该算法的详细流程如图 4-3 所示。

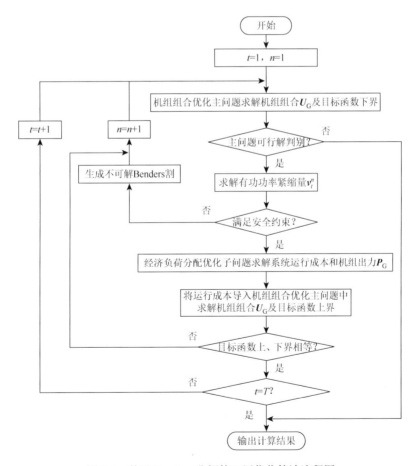

图 4-3 基于 Benders 分解的双层优化算法流程图

具体步骤如下。

（1）求解不考虑安全约束的机组组合优化主问题，得到机组启停状态U_G和目标函数优化结果，即目标函数上界。

（2）将求解得到的机组组合状态U_G代入经济负荷分配子问题中，优化求解负荷缩减量，判别其是否满足安全校核条件。若不满足，生成不可解的Banders割，并返回步骤（1）；若满足，则转到步骤（3）。

（3）求解经济负荷分配子问题，得出机组出力P_G和系统运行成本，并转到步骤（4）。

（4）将系统运行成本以可解Benders割的形式代入机组组合优化主问题中，求解机组组合U_G及目标函数上界。若满足迭代终止条件，则输出优化结果；否则返回步骤（1）。

4.4.3 序优化算法

序优化算法（ordinal optimization，OO）由哈佛大学教授何毓琦于1992年提出，该算法从解空间入手，通过粗糙模型和精确模型对解空间进行削减，从而达到降低求解难度的目的。由于序优化理论具有良好的兼容性和拓展性，可以与诸如模糊数学、随机规划和启发式算法等方法和理论组合使用，被认为是解决数学模型复杂、计算量大和解空间结构信息复杂的优化问题的有效工具之一[8]。

1. 序优化算法的基本原理

序优化算法将寻优过程中对于解的绝对优劣程度评估转换为相对优劣程度评估，即"序比较"；放弃寻求精确的全局最优解，转而寻求满足工程需要的"足够好解"，即"目标软化"[9]。序比较的含义是：对于一个优化问题中的两个可行解，确定它们的大小关系比确定它们各自对应的目标函数值要容易得多。因此，序优化理论不在乎不同可行解之间具体相差的量，只判断它们之间的好坏程度。这样就为简化优化问题、节省计算时间提供了可能性。目标软化的含义是：在复杂优化问题中，解空间异常庞大，接近于无限，求解全局最优解极其困难甚至不可能。序优化理论将求解全局最优解的目标放松到以足够高的概率求取足够好的解，满足工程实际需要即可。

以单目标优化问题模型为例，其目标函数和约束条件为

$$\begin{aligned} &\min J(\theta) \\ &\text{s.t. } \theta \in \Theta \end{aligned} \tag{4-29}$$

式中：θ为解空间中的可行解；Θ为由约束条件组成的解空间；$J(\cdot)$为可行解所对应的目标函数值，也可以说是评判可行解的真实性能指标。

常规求解算法在面对这类单目标优化问题时，一般采用的方式是精确评估整个解空间的可行解，即逐个精确计算每个可行解θ所对应的目标函数值$J(\theta)$。但是，可行解的数量会随着优化问题的规模及复杂程度的增大呈指数爆炸式增长，陷入"维数灾"。因此，这样的穷举方式显然是不现实的。而序优化算法的一般步骤如下。

（1）从解空间中随机挑选 N 个可行性解作为表征集合 $\boldsymbol{\Theta}_N$。

（2）构建粗糙模型对表征集合中每个解进行快速评估，通过排序确定该问题的序曲线。

（3）根据序曲线按特定公式选取集合 $\boldsymbol{\Theta}_N$，排序后前 s 个解作为挑选集合 $\boldsymbol{S}$，确保集合 $\boldsymbol{S}$ 与集合 $\boldsymbol{G}$ 交集个数为 d 的概率不小于 $\alpha\%$。

（4）构建精确模型对挑选集合 $\boldsymbol{S}$ 进行求解，将求得的模型目标函数最优的解作为最终解。

序优化算法的示意图如图 4-4 所示。

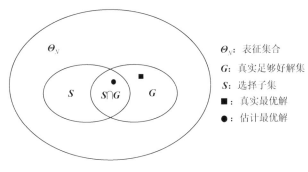

$\boldsymbol{\Theta}_N$：表征集合
$\boldsymbol{G}$：真实足够好解集
$\boldsymbol{S}$：选择子集
■：真实最优解
●：估计最优解

图 4-4　序优化算法示意图

2. 序优化算法求解 SCUC 问题

由于 SCUC 模型本身是决策变量相对独立的混合整数规划问题，利用序优化求解 SCUC 模型，是针对模型的离散决策变量 U_{Git} 和连续决策变量 P_{Git}，分别构造序优化粗糙模型和精确模型，在进行序比较的同时实现混合整数决策变量的解耦。而对于 SCUC 这种含复杂约束条件的混合整数规划问题，并不能直接利用序优化进行求解，因为在随机挑选的表征集合中含有不满足约束条件的不可行解，需将其剔除。因此，这里将针对 SCUC 问题的求解介绍一种改进序优化算法，它主要在序优化算法的基础上进行了如下改进。

（1）在粗糙模型中加入离散变量识别环节，首先对离散变量空间中的常开常停机组进行识别，然后利用粗糙模型对剩下的机组进行筛选，从而达到削减粗糙模型计算维度、提升求解效率的目的。

（2）在精确模型中加入非有效安全约束削减环节[10]，对精确模型中的网络安全约束进行辨识，剔除无效安全约束，削减精确模型需要校核的网络安全约束数量，降低求解复杂度。

改进序优化算法的总体思路如图 4-5 所示[11]。

由图 4-5 可知，改进序优化算法包括以下三个主要步骤。

（1）首先构造针对机组启停状态的优化辨识模型，对离散变量空间中的常开常停机组进行识别，剔除常开常停机组形成机组启停状态解空间；然后构造粗糙模型对机组启停状态解空间进行预筛选，依照均匀分布抽取 N 个可行解构成表征集合 $\boldsymbol{\Theta}_N$。文献[12]表明，

表征集合的大小 N 与解空间的大小相关，当解空间的大小小于 10^8 时，N 通常取 1000。

（2）利用特定的挑选规则从表征集合中进一步挑选出 s 个解作为挑选集合 S，确保集合 S 与集合 G 交集个数为 d 的概率不小于 $\alpha\%$。可以采用盲选法[12]作为集合 S 的挑选规则，其数学模型为

$$P\left(|\boldsymbol{G}\cap\boldsymbol{R}|\geq d\right)=\sum_{j=k}^{\min\{g,r\}}\sum_{i=0}^{r-j}\frac{C_g^j C_{N-g}^{r-i-j}}{C_N^{r-i}}C_r^i q^{r-i}(1-q)^i\geq\eta \qquad （4\text{-}30）$$

式中：$P(\cdot)$ 为概率；g 为足够好解集 G 中解的个数；d 为集合 S 与集合 G 交集的个数；η 为挑选集合 S 中有不少于 d 个足够好解的概率，在此 η 取 0.95；q 为解空间中真实观察到可行解的概率。

（3）首先构建非有效安全约束削减模型，并推导无效安全约束辨识的充分不必要条件，剔除无效安全约束；然后以机组运行总成本最小为目标函数，考虑与机组出力相关的约束条件，构建针对连续变量 P_{Git} 的精确模型，针对挑选集合 S 中的每一个机组启停状态，求解与之对应的机组出力和运行成本，并对挑选集合进行进一步排序，求取最优解。

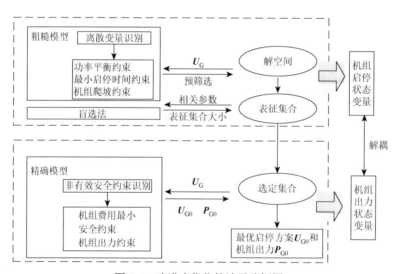

图 4-5　改进序优化算法思路框图

由于一次完整的序优化算法步骤需等概率随机抽取 N 个可行解，这意味着每次运用序优化算法得出的最终足够好解可能不一样。多次重复序优化的算法步骤，可获得多组高质量的足够好解，以便提高最终解的精度。

4.4.4　遗传算法

遗传算法（genetic algorithm，GA）由美国密歇根大学的霍兰德（Holland）教授于 1975 年提出，其思想借鉴生物界中亲代遗传基因重组的遗传机制和自然界中优胜劣汰的自然选择机制，是一种全局优化搜索算法，具有并行性和全局解空间搜索两个显著特点。

此外，遗传算法没有数学上的求导和函数连续性等性质的要求，可以直接对结构对象进行操作，因此具有更广泛的适用性。

1. 遗传算法的基本原理

遗传算法将生物进化原理引入待优化参数形成的编码串群体中，按照一定的适应度值以及一系列遗传操作（如繁殖、交叉和变异）对个体进行筛选，从而使适应度值高的个体保留下来，组成新的群体，新群体包含上一代的大量信息，并且拥有新的优于上一代的个体。这样不断循环，群体中每个个体的适应度值也会不断提高，直至满足一定的条件。此时，群体中适应度值最高的个体即为待优化参数的最优解。该算法具体流程如图 4-6 所示。

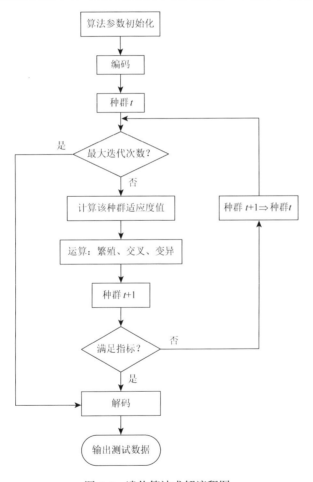

图 4-6　遗传算法求解流程图

2. 遗传算法求解机组组合问题

运用遗传算法求解机组组合问题不同于常规优化算法的特点在于：它能够从最后一

代的母体群中产生多个满足约束条件的可行方案,为电网调度提供了极大的灵活性;而且任何可以用罚因子项表示的约束条件均可以考虑到遗传算法中,适合大规模及超大规模问题的求解。遗传算法应用到机组优化组合问题的具体步骤如下。

1)编码

假定 M 为机组数目,T 为时段总数,1 代表机组处于"开机"状态,0 代表机组处于"停机"状态,则机组组合问题的启停状态如表 4-1 所示。

表 4-1　编码

机组	时段						
	1	2	3	4	5	…	T
1	0	1	1	1	0	…	0
2	1	1	1	0	0	…	1
⋮	⋮	⋮	⋮	⋮	⋮	⋮	⋮
M	0	0	0	1	1	…	0

把 M 台机组在 T 个时段上的启停状态连接起来,就得到了 01110…011100…1…00011…0 的二进制码串,即完成了所谓"编码"的工作;相反也有所谓"解码"过程。

2)形成母体

这里取 POP = 50。形成母体有很多方法,这里介绍两种。第一种方法就是随机选取。但为了使初始母体群具有良好的特性,可以采用第二种方法:根据每台机组的平均运行费用,按照由小到大的次序自下而上排列成表,并填上对应的机组号、$P_{\max}$ 和 $P_{\min}$,将常开机组排在最底下,将 $P_{\max}$ 和 $P_{\min}$ 分别自下而上累加,并记在对应的格子中($\sum P_{\max}$ 和 $\sum P_{\min}$)。对应系统某小时的负荷 P_D,按备用要求约束条件自下而上比较 $\sum P_{\max}$ 和 $\sum P_{\min}$,找到若干满足备用要求的行,在该行以下的机组应该开机,在该行以上的机组应该停机,并进行负荷的最优分配。POP = 50 的母体群可由上述产生的每小时机组开停机状态随机产生。

3)评价函数

$$F = \sum_{h=1}^{H} \mathrm{MC}_h \times D_h \times \sum_{j=1}^{NC} \mathrm{PF}_j \tag{4-31}$$

式中:$\mathrm{PF}_j = C_{Rj} \cdot R_j$;$D_h$ 为各时段上的负荷;MC_h 为在 t 小时的买电费用,把 t 小时满足备用要求约束条件的负荷进行最优分配,考虑了机组等级后最贵的机组单位功率生产费用即是 MC_h。在某些时刻处,若备用要求约束条件不满足,则把其差值求绝对值,再乘以 C_{Rj} 计入评价函数。爬坡限制和最小开(停)机时间限制是两个重要的约束条件,当它们被违反时,可以按 $C_{Rj} \cdot R_j$ 的形式在评价函数中加入相应的罚因子项,适合度为

$$SF = \frac{F_{\max} - F}{F_{\max} - F_{\min}} \tag{4-32}$$

式中：F_{max} 和 F_{min} 分别为母体群中评价函数的最大值和最小值。

4）选择

在进行遗传算法的选择过程中，应保证每一代的最佳母体被复制到下一代。

5）杂交

进行遗传算法的杂交过程有一点要注意，为了避免频繁地调动负荷最优分配子程序，采用如下杂交方法：假定已有两个母体如表 4-2 和表 4-3 所示。令杂交点为 2，则杂交后的两个新母体如表 4-4 和表 4-5 所示。

表 4-2　杂交前的两个母体（母体 1）

机组	时段				
	1	2	3	4	…
1	1	1	1	1	…
2	1	1	1	1	…
3	0	0	0	0	…
4	0	0	0	0	…

表 4-3　杂交前的两个母体（母体 2）

机组	时段				
	1	2	3	4	…
1	0	0	0	0	…
2	0	0	0	0	…
3	1	1	1	1	…
4	1	1	1	1	…

表 4-4　杂交后的两个母体（母体 1）

机组	时段				
	1	2	3	4	…
1	1	1	0	0	…
2	1	1	0	0	…
3	0	0	1	1	…
4	0	0	1	1	…

表 4-5　杂交后的两个母体（母体 2）

机组	时段				
	1	2	3	4	…
1	0	0	1	1	…
2	0	0	1	1	…
3	1	1	0	0	…

6）变异

进行遗传算法的变异过程有两点要注意：第一，为保留群体中的优良个体不遭破坏，应将素质较差的个体赋予更大的突变概率，而素质较好的个体赋予更小的突变概率或完全阻止其突变；第二，对发生变异的时段应该进行负荷的最优分配，对不满足备用要求约束条件的情形应该加以标注。

4.4.5　粒子群算法

粒子群算法（particle swarm optimization，PSO）是由肯尼迪（Kennedy）和埃伯哈特（Eberhart）博士于 1995 年提出的，该算法受人工生命研究的启发，模拟鸟类群体觅食过程中的迁徙和种群行为。粒子群算法具有很强的并行处理能力，其鲁棒性好，收敛速度快，相较于传统的随机方法，其计算效率大大提高[13]。

1. 粒子群算法的基本原理

PSO 的核心思想是通过粒子对问题空间的不断随机搜索来逼近最优解。PSO 中，每个优化问题的解可以视为搜索空间中的一只鸟，即"粒子"，所有粒子构成粒子群。每个粒子具有位置、速度和适应值等属性：位置即解空间中的解；速度包括位置移动的大小和方向；适应值则与待优化函数的函数值有关。每个粒子不清楚目标的具体位置，但清楚自身历史位置的好坏，也知道哪个粒子离目标最近。在迭代过程中，每个粒子通过追随两个极值实现自身速度和位置的更新（一个是粒子本身所找到的最优解，称为个体极值 p_{best}；另一个是整个种群目前找到的最优解，即全局极值 g_{best}），在可行域中进行搜索，从而寻找到问题的最优解。

设在一个 N 维的搜索空间中，PSO 中第 i 个粒子的位置和速度可表示为 $X_i = (x_{i1}, x_{i2}, \cdots, x_{iN})$ 和 $V_i = (v_{i1}, v_{i2}, \cdots, v_{iN})$，其中 $i = 1, 2, \cdots, m$，m 为群体规模；相应地，第 i 个粒子迄今为止搜索到的最优位置为 $P_{\text{best}i} = (x_{i1\text{best}}, x_{i2\text{best}}, \cdots, x_{iN\text{best}})$，整个粒子群迄今为止搜索到的最优位置为 $G_{\text{best}} = (x_{1\text{best}}, x_{2\text{best}}, \cdots, x_{N\text{best}})$。利用这些信息，采用下面的公式对 PSO 中第 i 个粒子的速度和位置更新：

$$V_i^{k+1} = \omega V_i^k + c_1 \text{rand}_1 \times (P_{\text{best}_i}^k - X_i^k) + c_2 \text{rand}_2 \times (G_{\text{best}} - X_i^k) \tag{4-33}$$

$$X_i^{k+1} = X_i^k + V_i^{k+1} \tag{4-34}$$

式中：V_i^k 为第 k 代粒子 i 的速度，$|V_i^k| \leqslant V_i^{\max}$；$\omega$ 为非负数，称为惯性因子或权重系数；c_1 和 c_2 为非负常数，称为学习因子，根据经验一般取 $c_1 = c_2 = 2$；rand_1 和 rand_2 为均匀分布在（0, 1）区间内的随机数。

惯性权重 ω 对优化性能有较大影响，ω 较大则 PSO 具有较强的全局搜索能力，ω 较小则利用 PSO 局部搜索。因此，若设置 ω 随算法迭代的进行而线性减少，则会显著改善算法的收敛性能，其公式为

$$\omega = \omega_{\max} - \frac{\omega_{\max} - \omega_{\min}}{K} \cdot k \qquad (4\text{-}35)$$

式中：$\omega_{\max}$ 和 $\omega_{\min}$ 分别为最大惯性权重和最小惯性权重；k 为当前迭代次数；K 为算法总迭代次数。

2. 粒子群算法求解机组组合问题

机组组合问题由两个优化子问题组成，即机组组合决策方案的确立和最优经济分配[14]。PSO 中粒子的位置变量为机组组合决策方案中的变量 U_{Git} 和最优经济分配中的有功功率变量 P_{Git}。

用 PSO 求解机组优化启停问题可按下述步骤进行。

（1）输入各机组耗量特性参数、系统网络参数及各时段系统负荷，定义解空间及其边界，并初始化算法各参数，令迭代次数 $k = 0$。

（2）在解空间范围内随机产生 m 个粒子 $\boldsymbol{X} = [\boldsymbol{U}, \boldsymbol{P}]$，形成初始粒子群的位置 X_j^0 和速度 V_j^0。

（3）计算各粒子的适应度值，并设个体极值初始值 $P_{\text{best}j} = X_j^0$，比较初始粒子群的适应度函数值，将适应度值最好的设为 G_{best}。

（4）按照式（4-34）和式（4-36）调整每个粒子的速度 V_j^{k+1} 和 ω，若 $v_{jn}^{k+1} > v_{jn}^{\max}$，则 $v_{jn}^{k+1} = v_{jn}^{\max}$；若 $v_{jn}^{k+1} < v_{jn}^{\min}$，则 $v_{jn}^{k+1} = v_{jn}^{\min}$。

（5）根据式（4-35）调整粒子的位置 X_j^{k+1}，X_j^{k+1} 必须满足各种约束。

（6）计算各粒子的适应度值，将每个粒子的当前位置 X_j^k 的适应度值与粒子自身以前最好位置 $P_{\text{best}j}$ 的适应度值相比较，若当前位置适应度值优于 $P_{\text{best}j}$ 的适应度值，则更新 $P_{\text{best}j}$；再将各个粒子 $P_{\text{best}j}$ 的适应度值与全局最优位置 G_{best} 的适应度值进行比较，并取最优者更新 G_{best}。

（7）若迭代次数达到最大迭代次数 K，则转入步骤（8）；否则转入步骤（4）。

（8）输出 G_{best}，并计算输出最优值 $F(G_{\text{best}})$。

4.4.6　生物地理学算法

生物地理学算法（biogeography-based optimization，BBO）由丹·西蒙（Dan Simon）于 2008 年提出，来源于研究生物物种在地理上分布的特点及物种迁移规律。同其他进化算法相比，BBO 参数少，实现简单，收敛速度快，搜索精度高，这些优势使得 BBO 具有较好的应用价值，它适用于解决高维度、多目标优化问题。

1. 生物地理学算法的基本原理

BBO 的基本思想是通过群体中相邻个体的迁移和特别个体的突变来寻找全局最优

65

解。在 BBO 中，每个个体被认为是一个栖息地，若某个栖息地非常适合生物居住，则该栖息地具有较高的适宜度指数（habitat suitability index，HSI），与 HSI 相关的影响因子被定义为适宜度指数变量（suitability index variables，SIV）。BBO 使用 HSI 作为优化函数适应值，一个较好的候选解对应具有较高 HSI 的栖息地，一个较差的候选解对应具有较低 HSI 的栖息地。通过栖息地之间的物种迁移，使得具有较低 HSI 的解集从较高 HSI 的解集中接受一些新的特征，从而提高解集的适应度[15]。其具体过程如下。

1）迁移

每个个体具有各自的移入概率 λ 和移出概率 μ，根据生物地理学理论，单个栖息地的物种移动概率可以用图 4-7 所示的物种迁移模型表示。图中 I 为最大移入概率，E 为最大移出概率。

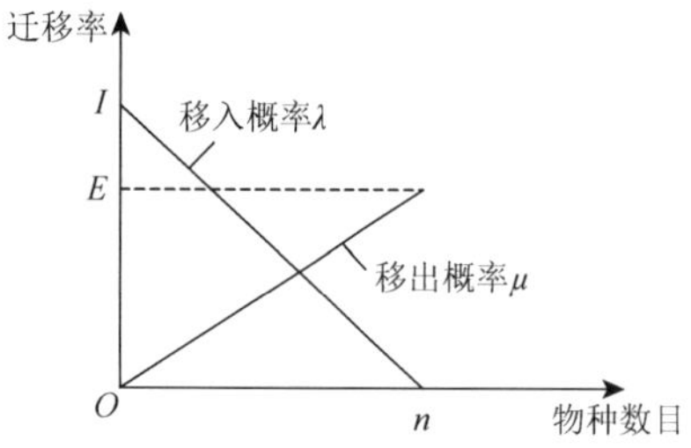

图 4-7 物种迁移模型

当栖息地中物种数目为 0 时，该栖息地的移入概率 $\lambda=I$，移出概率 $\mu=0$。随着物种数目的增多，λ 逐渐减小，而 μ 则不断增大，直到栖息地中的物种数目达到最大值 n，此时该栖息地处于饱和状态。

当移入概率 $\lambda=0$ 时，移出概率 $\mu=E$。在该模型中，不同栖息地之间 SIV 的交换以及变量中某个因子的修正都是通过迁移操作来完成的。设第 e 个栖息地包含的物种个数为 n，物种迁移模型的计算如下：

$$\lambda_e = I\left(1 - \frac{e}{n}\right) \tag{4-36}$$

$$\mu_e = \frac{Ee}{n} \tag{4-37}$$

2）突变

一个栖息地的 HSI 会因为疾病或自然灾害等突发随机事件的发生而非常突然地变化，BBO 采用突变操作模拟这种现象。根据栖息地物种数量 s 的概率 $P_s, s \in \{1, 2, \cdots, n\}$ 对栖息地的特征变量进行突变。突变操作主要用于增加不同栖息地中变量的多样性，突变率通过下式计算：

$$m_s = m_{\max}\left(1 - \frac{P_s}{P_{\max}}\right) \tag{4-38}$$

式中：$m_{\max}$ 为最大突变率，可以根据不同的要求进行设置；$P_{\max} = \arg\{\max\{P_s\}\}, s \in \{1, 2, \cdots, n\}$，$P_s$ 定义为

$$P_s = \begin{cases} -(\lambda_s + \mu_s)P_s + \mu_{s+1}P_{s+1}, & s=1 \\ -(\lambda_s + \mu_s)P_s + \lambda_{s-1}P_{s-1} + \mu_{s+1}P_{s+1}, & 1 < s \leqslant n-1 \\ -(\lambda_s + \mu_s)P_s + \lambda_{s-1}P_{s-1}, & s=n \end{cases} \tag{4-39}$$

2. 生物地理学算法求解机组组合问题

为了高效求解机组组合问题,可以将 BBO 改进,得到改进生物地理学算法(improved biogeography-based optimization,IBBO)[16]。其具体步骤如下。

(1)BBO 使用如图 4-7 所示的线性物种迁移模型计算栖息地的移入概率 λ 和移出概率 μ,但是在实际的生物地理环境中,物种的迁移是一个非常复杂的随机事件,简单的线性物种迁移模型不能够较准确地模拟迁移过程,这势必会对算法的计算性能造成很大影响。有学者分析了 6 种线性和非线性物种迁移模型,函数优化实验的结果表明,符合自然规律的复杂迁移模型要优于简单的线性迁移模型。因此,这里使用如图 4-8 所示的

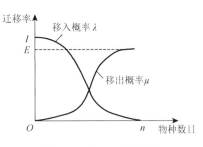

图 4-8　余弦迁移模型

余弦迁移模型替换 BBO 中的线性迁移模型。由图 4-8 可以看出,当栖息地中有较少或较多物种时,λ 和 μ 的变化比较平稳;而当栖息地具有中等数量物种时,λ 和 μ 的变化相对较快。余弦迁移模型计算如下:

$$\lambda_k = \frac{I}{2}\left(\cos\frac{e\pi}{n}+1\right) \tag{4-40}$$

$$\mu_k = \frac{E}{2}\left(-\cos\frac{e\pi}{n}+1\right) \tag{4-41}$$

(2)BBO 通过随机迁移操作来实现不同栖息地之间 SIV 的交换和共享。首先,根据 λ 选择需要迁入的栖息地 H_i,确定 H_i 后,根据 μ 选择需要迁出的栖息地 H_j;然后,从 H_j 中随机地选择 SIV 替代 H_i 中的 SIV;最后,通过计算 HSI 来评价栖息地的适宜度。上述迁移操作可使用迁移算子表示为

$$\Omega(\lambda,\mu): H_i(f_{\text{SIV}}) \leftarrow H_j(f_{\text{SIV}}) \tag{4-42}$$

式中:$\Omega(\lambda,\mu)$ 为迁移算子,表示通过移入概率 λ 和移出概率 μ 来调整栖息地。

借鉴遗传算法中的混合交叉操作,采用混合迁移算子代替式(4-42)中的迁移算子,具体表达式为

$$\Omega^*(\lambda,\mu): H_i(f_{\text{SIV}}) \leftarrow rH_i(f_{\text{SIV}}) + (1-r)H_j(f_{\text{SIV}}) \tag{4-43}$$

式中:$\Omega^*(\lambda,\mu)$ 为混合迁移算子;r 为区间[0, 1]上均匀分布的随机数。

在混合迁移算子中,栖息地 H_i 中的 SIV 不再简单地被 H_j 中的 SIV 所代替,而是由 H_i 自身的 SIV 与 H_j 的 SIV 共同混合组成。这样一方面可以确保 HSI 较高的栖息地在迁移操作中不被"削弱";另一方面可以促使 HSI 较低栖息地在迁移操作中共享 HSI 较高栖息地的 SIV,达到优化解集及增强算法收敛性的目的。

(3)BBO 在迭代后期容易出现"早熟"现象,陷入局部最优。借鉴进化算法中的"变异算子",采用柯西(Cauchy)变异的方式增强 BBO 的全局寻优能力。在机组组

合模型求解中，对当前 K 次迭代中最高 HSI 的个体 $X_{\text{best}}^{(K)}$ 按照柯西分布进行变异，使得算法可以在其他相邻栖息地之间继续进行搜索。基于柯西分布的变异算子具体表示为

$$X_{\text{best}}^{(K)'} = \begin{cases} X_{\text{best}}^{(K)} + C(0,1) \times X_{\text{best}}^{(K)}, & m_{\text{best}}^{(K)} > f_{\text{rand}}(0,1) \\ X_{\text{best}}^{(K)}, & \text{其他} \end{cases} \tag{4-44}$$

式中：$C(0,1)$ 为服从标准柯西分布的随机数；f_{rand} 为 $(0,1)$ 区间内的随机数；$m_{\text{best}}^{(K)}$ 为个体 $X_{\text{best}}^{(K)}$ 的突变率。若变异后得到的个体 $X_{\text{best}}^{(K)'}$ 的 HSI 比原个体 $X_{\text{best}}^{(K)}$ 的 HSI 高，则取代 $X_{\text{best}}^{(K)}$ 作为当前的全局最优解。

（4）迁移和突变操作都容易产生相似个体，增加算法的计算耗时，可以采用相似体检测技术来解决这一问题。在机组组合模型求解中，对于若干个相似体，只保留一个，而其他的相似体 $P_s^{(K)}$ 用 $P_s^{(K)'}$ 代替，$P_s^{(K)'}$ 的计算式为

$$P_s^{(K)'} = X_{\text{best}}^{(K)} + (X_{\text{best}}^{(K)} - P_s^{(K)}) f_{\text{rand}}(0,1) \tag{4-45}$$

式中：$X_{\text{best}}^{(K)}$ 为当前 K 次迭代中最高 HSI 的个体。

本小节机组组合问题，可以采用 IBBO 进行求解，其算法流程图如图 4-9 所示。

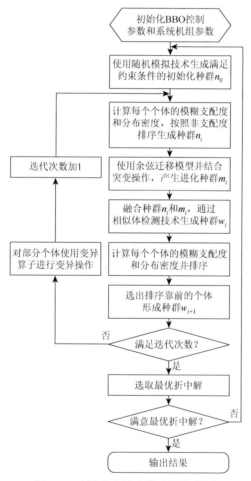

图 4-9　改进生物地理学算法流程图

4.5　典　型　算　例

4.5.1　常规机组组合算例

本小节以包含 10 台火电机组的电力系统为例,采用 Benders 分解法对常规机组组合模型进行求解和验证。常规机组正旋转备用需求为系统最大负荷的 8%,负旋转备用需求为系统最小负荷的 2%,旋转备用风险指标为 0.01。电网的网络结构、发电机及负荷等参数见文献[17]。相关计算均在英特尔酷睿 i3-3240 处理器 3.40 GHz、4 G 内存计算机上完成,采用 MATLAB 8.0 对算例进行编程求解。

1. 机组出力状态

求解常规机组组合模型的调度结果如表 4-6 所示。

表 4-6　调度结果表

时段	机组出力/MW									
	1	2	3	4	5	6	7	8	9	10
1	455	251	0	0	0	0	0	0	0	0
2	455	291	0	0	25	0	0	0	0	0
3	455	380	0	0	25	0	0	0	0	0
4	455	419	0	0	25	0	0	0	0	0
5	455	451	0	20	25	0	0	0	0	0
6	455	455	0	101	41	0	0	0	0	0
7	455	455	20	110	41	0	0	0	0	0
8	455	455	74	130	52	0	0	0	0	0
9	455	455	110	130	74	20	25	0	0	0
10	455	455	130	130	81	20	25	0	0	0
11	455	455	130	130	155	20	25	0	0	0
12	455	455	130	130	162	61	25	0	0	0
13	455	455	130	130	76	20	25	0	0	0
14	455	455	130	130	67	20	25	0	0	0
15	455	455	108	120	25	20	0	0	0	0
16	455	398	72	83	25	0	0	0	0	0
17	455	365	52	78	25	0	0	0	0	0
18	455	455	52	89	25	0	0	0	0	0
19	455	455	111	130	25	0	0	0	0	0
20	455	455	130	130	81	20	25	0	0	0

时段	机组出力/MW									
	1	2	3	4	5	6	7	8	9	10
21	455	455	61	130	60	20	25	0	0	0
22	455	455	0	119	37	0	0	0	0	0
23	455	375	0	0	25	0	0	0	0	0
24	455	365	0	0	0	0	0	0	0	0

2. 总成本

计算该运行方式的总成本结果如表 4-7 所示。

表 4-7　系统运行总成本　　　　　　　　　　（单位：美元）

运行费用	启停费用	总费用
550 837	6 760	557 597

4.5.2　考虑安全约束的机组组合算例

本小节以修改的 IEEE-118 节点电力系统为例,对模型进行仿真验证。该系统包含 54 台火电机组,系统中常规机组正旋转备用需求为系统最大负荷的 8%,负旋转备用需求为系统最小负荷的 2%,旋转备用风险指标为 0.01。电网的网络结构、发电机及负荷等参数见文献[18]。相关计算均在英特尔酷睿 i3-3240 处理器 3.40 GHz、4 G 内存计算机上完成,采用 MATLAB 8.0 和 Cplex 12.5 对算例进行编程求解。

1. 机组启停状态

利用 4.4 节提出的序优化算法求解 4.3 节考虑安全约束机组组合模型,其常规机组启停状态如表 4-8 所示。

表 4-8　机组启停方案

机组	时间（1~24 h）
10	111111111111111111111110
14	000000000000000111111111
16	111111111111111111111000
19	111111111111111111111000
21	111111111111111111111000

续表

机组	时间（1～24 h）
23	111111111111111111111000
25	111111111111111111111100
47	000000001111111111111111
1～3，6，8，9，13，15，17，18，22，24，26，31～33，36，38，39，41，42，46，49，50～52	000000000000000000000000
4，5，7，11，12，20，27～30，34～35，37，40，43～45，48，53～54	111111111111111111111111

2. 方法对比

为对比不同方法的差异性，这里还采用 Benders 分解法对考虑安全约束的机组组合问题进行求解，两种方法的计算结果和计算时间如表 4-9 所示。

表 4-9　两种算法的性能对比

算法	CPU 运行时间/s	总费用/美元
序优化算法	338.64	1 460 620.21
Benders 分解法	2 857.00	1 467 256.55

由表 4-7 可知，相较于 Benders 分解法，序优化算法在计算效率和运行成本两方面，都具有较为明显的优势。

本章参考文献

[1] 夏清，康重庆，沈瑜. 考虑电网安全约束条件的机组组合新方法[J]. 清华大学学报（自然科学版），1999（9）：14-17，25.

[2] ABDUL-RAHMAN K H，SHAHIDEHPOUR S M. Static security in power system operation with fuzzy real load conditions[J]. IEEE Transactions on Power Systems，1995，10（1）：77-87.

[3] MA H，SHAHIDEHPOUR S M. Unit commitment with transmission security and voltage constraints[J]. IEEE Transactions on Power Systems，1999，14（2）：757-764.

[4] 吴杰康，李月华，张宏亮，等. 负荷转移因子及其在网损计算中的应用[J]. 现代电力，2008，25（3）：8-12.

[5] 赵晋泉，叶君玲，邓勇. 直流潮流与交流潮流的对比分析[J]. 电网技术，2012，36（10）：147-152.

[6] FU Y，SHAHIDEHPOUR M，LI Z Y. Security-constrained unit commitment with AC constraints[J]. IEEE Transactions on Power Systems，2005，20（2）：1001-1013.

[7] 张伯明，陈寿孙. 高等电力网络分析[M]. 北京：清华大学出版社，2007：191-193.

[8] 贾庆山. 增强序优化理论研究及应用[D]. 北京：清华大学，2006.

[9] HO Y C，LARSON M E. Ordinal optimization approach to rare event probability problems[J]. Discrete Event Dynamic Systems：Theory and Applications，1995，5（2-3）：281-301.

[10] 丁涛，柏瑞，郭庆来，等. 考虑不确定功率注入的安全约束经济调度模型非有效约束识别方法[J]. 中国电机工程学

报，2014，34（34）：6050-6057.

[11] 杨楠，王璇，周峥，等. 基于改进约束序优化方法的带安全约束的不确定性机组组合问题研究[J]. 电力系统保护与控制，2018，46（11）：109-117.

[12] HO Y C，SERENIVAS R S，VKAILI P. Ordinal optimization of DEDS[J]. Discrete Event Dynamic Systems：Theory and Applications，1992，2（2）：61-88.

[13] 李建勇. 粒子群优化算法研究[D]. 杭州：浙江大学，2004.

[14] 李整. 基于粒子群优化算法的机组组合问题的研究[D]. 北京：华北电力大学，2016.

[15] SIMON D. Biogeography-based optimization[J]. IEEE Transactions on Evolutionary Computation，2008，12（6）：702-713.

[16] 陈道君，龚庆武，乔卉，等. 采用改进生物地理学算法的风电并网电力系统多目标发电调度[J]. 中国电机工程学报，2012，32（31）：150-158，231.

[17] HADJI M M，VAHIDI B. A solution to the unit commitment problem using imperialistic competition algorithm[J]. IEEE Transactions on Power Systems，2012，27（1）：117-124.

[18] CHEN Z，WU L，MOHAMMAD S. Effective load carrying capability evaluation of renewable energy via stochastic long-term hourly based SCUC[J]. IEEE Transactions on Sustainable Energy，2015，6（1）：188-197.

第5章

考虑多重目标的机组组合问题

5.1 引　言

随着社会经济的快速发展，电网在运行方式、发展规划和能源结构等方面都将面临巨大挑战。与传统经济调度模式下的常规机组组合问题只考虑系统总发电成本最小化相比[1, 2]，实际的机组组合问题通常需要考虑多个目标，如发电成本、发电资源消耗量[3-5]、系统网损[6, 7]、电压偏差和环境因素[8-12]等，以上这些因素导致实际机组组合问题由传统单目标优化问题转变为多目标优化问题。一般情况下，多目标机组组合模型的各个子目标之间是相互矛盾的，某一个子目标函数性能的改善可能会引起其他子目标性能的降低[13]。因此，传统的单目标优化理论在多目标机组组合中并不能直接应用。

针对多目标机组组合问题的研究起步较早，目前已经发展出一批较为成熟的建模理论及求解方法，其主要思路是通过多目标建模理论对模型的多重目标进行处理，尽量将其转换为常规求解算法可以求解的形式。本章将会重点介绍多目标机组组合模型中几种常见的目标函数，以及多目标模型处理方法。

5.2 多目标机组组合问题的数学模型

多目标优化问题是存在于现实各个领域的普遍问题，尤其在大多数的工程规划设计过程中，往往需要在满足给定约束条件的基础上最优化多个目标，这种多于一个目标的优化问题被称为多目标优化（multi-objective optimization，MO）问题[13]。多目标优化问题中各子目标之间通过决策变量形成一种间接的相互制约，很多情况下，对其中一个子目标优化必须以其他子目标劣化作为代价，也就是说，要同时使多个子目标都一起达到最优值是不可能的，只能是在它们之间进行协调和折中处理，使各个子目标都尽可能地达到最优。

在实际的电力系统机组组合中同样面临着上述多目标优化问题。机组组合问题首先要考虑的最重要的目标是系统总发电成本，对于电力系统调度，总是希望在满足系统运行安全约束的条件下使得整个系统总的发电成本最小。但是，过度地追求系统总发电成本最小有可能对系统网损和电压偏差产生影响。同时，随着能源短缺和环境污染的日益严重，电力系统节能减排势在必行。因此，与环境效益相关的指标，如系统污染物排放量等，也已经成为机组组合所需要考虑的目标。

一般来讲，多目标机组组合模型是由多个子目标函数及其相关的等式约束和不等式约束构成的，其一般化的数学表达为

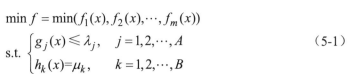

$$\min f = \min(f_1(x), f_2(x), \cdots, f_m(x))$$

$$\text{s.t.} \begin{cases} g_j(x) \leqslant \lambda_j, & j = 1, 2, \cdots, A \\ h_k(x) = \mu_k, & k = 1, 2, \cdots, B \end{cases} \quad (5\text{-}1)$$

式中：$f_m(x)$ 为第 m 个子目标的目标函数；x 为自变量；$g_j(x) \leqslant \lambda_j$ 为第 j 个不等式约束；$h_k(x) = \mu_k$ 为第 k 个等式约束；A 和 B 分别为不等式约束和等式约束的总数。

对于机组组合问题，系统发电成本是必须要考虑的目标。但是，近年来，随着环保意识的增强及电网规模的不断扩大，环境效益和系统安全也逐渐成为需要考虑的目标。因此，下面以第 4 章常规机组组合模型为基础，依次按照与成本、环境效益和系统安全稳定相关的指标来介绍机组组合问题中经常考虑的目标函数。

1. 与成本相关的目标函数

1）系统总发电成本

常规的系统发电总成本已在第 4 章详细介绍了，在此不再赘述。除常规的系统发电总成本外，以下成本指标也有文献提及。

2）运行成本

火电机组发电消耗燃煤，减少煤耗量相当于减少运行成本。因此，有研究在机组组合决策时考虑燃煤消耗量最小[3, 4, 14]，其本质是考虑机组的运行成本。其目标函数表达式为

$$\min R_G = \sum_{t=1}^{T} \sum_{i=1}^{N_G} (a_i + b_i P_{Git} + c_i P_{Git}^2) U_{Git} \quad (5\text{-}2)$$

3）购电费用

除考虑与火电机组相关的成本外，也有研究在机组组合决策时考虑购电费用最小化[14]。其最优化的目标函数表达式为

$$\min C_G = \sum_{t=1}^{T} \sum_{i=1}^{N_G} (b_{Gi} P_{Git} U_{Git} + S_{Git}) + \sum_{t=1}^{T} \sum_{k=1}^{N_W} P_{Wkt} b_W \quad (5\text{-}3)$$

式中：b_{Gi} 为第 i 号火电机组的购电电价；b_W 为风电平均并网价格。

2. 与环境效益相关的目标函数

对于我国以燃煤火电机组为主的电力能源结构，系统运行决策不仅要考虑经济性指标，同时也要考虑系统运行对环境的影响。

1）机组运行排污量[15]

火电机组运行排放的污染气体严重影响生活环境，不利于环境的可持续发展。通常，火电机组排放的污染物主要包括 CO_2、SO_2 和 NO_2 等。因此，有研究在机组组合决策时考虑污染物排放量最小的目标。其具体函数表达式为

$$\min E_{\text{CSN}} = \sum_{v=1}^{\text{CSN}} \sum_{t=1}^{T} \sum_{i=1}^{N_{\text{G}}} [U_{Git}(\alpha_{iv} + \beta_{iv}P_{Git} + \gamma_{iv}P_{Git}^2)] \tag{5-4}$$

式中：E_{CSN} 为污染物的总排放量；CSN 为污染物种类数；$v=1$ 为 CO_2，$v=2$ 为 SO_2，$v=3$ 为 NO_2；α_{iv}，β_{iv} 和 γ_{iv} 为机组污染物排放系数。

2）新能源消纳量[15]

目前我国部分地区出现了严重的弃风弃光现象，造成了新能源发电的严重浪费。因此，为了最大限度地消纳新能源，有研究在机组组合决策时考虑风、光上网电量最大化的目标函数。其具体表达式为

$$\max Q_{\text{WS}} = \sum_{t=1}^{T} \sum_{k=1}^{N_{\text{w}}} P_{Wkt} + \sum_{t=1}^{T} \sum_{l=1}^{N_{\text{s}}} P_{Slt} \tag{5-5}$$

3）能源环境效益

也有研究在机组组合决策时考虑能源环境效益[3,4]。其目标函数为

$$\max E_{\text{e}} = \max_{t \in T} \sum_{i=1}^{N_{\text{G}}} \frac{\eta_{ei}\eta_{\text{r}}(P_{Gi})\theta_{\alpha i}}{\eta_{ei}\eta_{\text{r}}(P_{Git})\theta_{\alpha i} + 2E_{CO_2}} \tag{5-6}$$

式中：E_{e} 为能源环境效益函数；η_{ei} 为第 i 号火电机组的发电效率；$\theta_{\alpha i}$ 为第 i 号火电机组使用燃料的低位发热量；E_{CO_2} 为等价 CO_2 排放比；$\eta_{\text{r}}(P_{Git})$ 为发电效率 η_{ei} 随有功功率 P_{Gi} 变化的函数关系式。

3. 与系统安全稳定相关的目标函数

近年来，可再生能源发展迅速，风力和光伏等可再生能源大规模接入电网，其出力不确定性、间歇性和出力波动大等特点给电力系统的安全性和稳定性带来了巨大挑战。一方面，在电力系统的调度过程中，当某些容量较大的分布式电源启动或者某些分布式电源的输出在短时间内发生巨大变化时，系统有可能产生电压闪变；另一方面，高渗透率的分布式电源采用大量电力电子器件，这些器件相当于在电力系统中增加了大量的非线性负载，从而有可能造成系统电流和电压波形发生畸变，影响电力系统的安全稳定运行。因此，机组组合决策时，系统安全稳定同样也是一个需要考虑的目标。

以风力发电为例，风电场输出功率的波动性对整个电力系统的安全稳定造成很大影响。因此，有研究在机组组合决策时考虑系统安全稳定的目标函数[4]。其具体函数表达式为

$$\min F_3 = \min[\omega_1(D'_{ui} - D'^*_{ui})^2 + \omega_2(D'_{Qi} - D'^*_{Qi})^2] \tag{5-7}$$

式中：D'_{ui} 和 D'_{Qi} 分别为经过一致化和无量纲化处理后的电压变化指标和无功变化指标；D'^*_{ui} 和 D'^*_{Qi} 分别为通过理想点法求取 D'_{ui} 和 D'_{Qi} 的最大值所组成的理想点；ω_1 和 ω_2 为权重系数，满足 $\omega_1 + \omega_2 = 1$。

以上所介绍的目标函数具体建模过程可以参考相关文献。

对于多目标机组组合问题，大体上会考虑成本、环境、系统安全稳定等方面的优化目标。根据具体的工程实际及研究侧重点不同，多目标机组组合模型的子目标选择也会存在一定的差异。

5.3　多目标机组组合问题的处理方法

多目标优化问题最早是由法国经济学家帕累托（Pareto）研究的经济学问题，他还提出了多目标优化的 Pareto 最优解集。与单目标优化问题不同，多目标优化问题的 Pareto 最优解仅仅是一个可以接受的"不坏"的解，并且通常会有很多个 Pareto 最优解，是一组 Pareto 非劣解集。这一组 Pareto 解集里的每一个解都是最优解，但不同的 Pareto 最优解之间，体现着对不同子目标的妥协。在实际的多目标机组组合问题中，必须根据对机组启停和机组运行状态的了解程度以及对负荷的预测情况，从 Pareto 最优解集中根据一定的原则和偏好进行最后决策。

除 Pareto 优化方法外，多目标处理方法还包括线性加权法、主要目标法、极大极小法、理想点法和模糊优化法等。本节以 5.2 节中所讨论的任意三个目标为例，来介绍这几种多目标处理方法。

1.　Pareto 优化方法

在实际机组组合问题中通常需要考虑多个目标，例如，对于 5.2 节中讨论的系统总发电成本、能源环境效益和系统安全稳定，既要求系统总发电成本最小，又要求环保，同时还要保证系统的安全稳定。这三大目标的类型和量纲完全不同，甚至相互冲突，因此需要通过多目标优化来寻求能够满足这三个目标的解。

以下给出多目标优化问题的相关基本概念[16]。

1）理想解

若某个可行解 x^* 使得公式（5-1）多目标优化问题的各个子目标均达到最优解，则称 x^* 为理想解。

通过分析可知，多目标优化问题的理想解在理想情况下才会存在，通常情况下是不存在的。

图 5-1（a）表示理想情况下，各个子目标都可以在理想解下达到最优化。而在大多数的实际工程中，各个子目标不可能在同一个自变量下达到最优化，如图 5-1（b）所示。因此，多目标优化问题的理想解一般情况下是不存在的。

2）占优解（支配解）

对于任意两个不同的可行解 x_1 和 x_2，若满足下列条件：

①对于所有的子目标，x_2 都不优于 x_1，即 $f_k(x_1) \geqslant f_k(x_2), k=1,2,\cdots,m$；

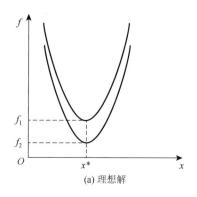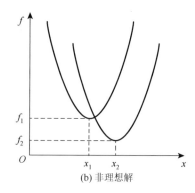

图 5-1   多目标优化问题的理想解和非理想解

②至少存在一个子目标，x_1 严格优于 x_2，即 $\exists l \in \{1, 2, \cdots, m\}$，使得 $f_l(x_1) > f_l(x_2)$。则称 x_1 相对于 x_2 为占优解，也称为支配解。

3）非劣解（非支配解）

若满足公式（5-1）多目标优化问题的可行解 x^*，使其他任何可行解都不能构成它的占优解，则称 x^* 为非劣解，也称为非支配解或 Pareto 最优解。

Pareto 最优意味着找不到其他更好的解，使得至少在一个子目标上有改进，而其他子目标不会变差。

4）非劣解集

满足公式（5-1）多目标优化问题的所有非劣解构成的集合称为非劣解集，也称为 Pareto 最优解集或 Pareto 前沿。

对于一个多目标优化问题，Pareto 前沿中的解是无法进行简单比较的，因为在 Pareto 前沿所有解的对比中，一定会存在一个解的某个子目标比另外一个解的该子目标要好。然而，在实际工程中，常常需要通过比较来选择一个最终的解决方案。在对各个目标都没有主观偏好的情况下，所有 Pareto 最优解都是等效的，也就无法从中进行选择。因此，基于 Pareto 最优的多目标优化，在求解过程中需要进行两级优化比较。第一级优化的目的是搜索出尽可能完整且均匀分布的 Pareto 前沿作为备选方案集；第二级优化的目的是依据一定偏好和原则对备选方案集中的个体进行排序，进而确定最优方案[17]。其优化步骤如下。

（1）确定多目标优化问题的 Pareto 前沿。

（2）根据一定的偏好和原则对 Pareto 前沿中的所有解进行非支配度排序。

（3）确定最优折中解，即 Pareto 最优解。

2. 线性加权法

线性加权法[18, 19]是用于处理多目标优化问题的一种比较常见、有效且简便的方法。该方法的核心思想是：给多目标优化问题中的各个子目标赋予一定的权重，然后采用线性加权的方式，将多个目标转换为单个目标的优化问题来进行求解。线性加权法最重要的是确定各子目标的权重，权重设置的不同，得到的 Pareto 最优解也不同。该方法虽然计算量小，原理易懂，但缺点也较为明显：线性加权法通常都采用主观权重，人为色彩较浓，客观性较差，无法反映某些子目标所具有的突出影响。

利用线性加权法将 5.2 节所述的多目标机组组合模型转化为单目标机组组合模型的形式为

$$\min f = \omega_1 f_1(x) + \omega_2 f_2(x) + \omega_3 f_3(x) \tag{5-8}$$

式中：$f_1(x)$，$f_2(x)$ 和 $f_3(x)$ 及约束条件同 5.2 节；ω_1，ω_2 和 ω_3 分别为不同子目标所占的权重，$\omega_i \in [0,1]$ 且满足 $\sum\limits_{i=1}^{m} \omega_i = 1$，权重反映了每个子目标的重要性。

通过上述变换，可以将多目标机组组合模型转换为单目标机组组合模型。

3. 主要目标法

主要目标法[20]的求解思想是：在多目标优化问题中，根据问题的实际情况及各子目标的重要性，确定一个子目标函数为主要目标，将其余子目标作为次要目标，然后确定其他次要目标函数的上限和下限，并将其作为约束条件用于求解主要目标函数，即将原来的多目标优化问题转化成一个在新的约束条件下，求解主要目标的单目标优化问题。一般来说，对实际问题进行这样的处理是可行的，它保证了在次要目标允许取值的条件下，求出主要目标尽可能好的值，因此对实际问题常常很适用。

选取 5.2 节中任意两个子目标函数作为次要目标，对两个次要目标估计其上、下限，有

$$f_{2\min} \leqslant f_2(x) \leqslant f_{2\max} \tag{5-9}$$

$$f_{3\min} \leqslant f_3(x) \leqslant f_{3\max} \tag{5-10}$$

选取其他任意一个子目标作为主要目标，将多目标机组组合模型转化为

$$\min_{x \in D} f_1(x)$$

$$\text{s.t.} \begin{cases} g_j(x) \leqslant \lambda_j, & j=1,2,\cdots,A \\ h_k(x) = \mu_k, & k=1,2,\cdots,B \\ f_{2\min} \leqslant f_2(x) \leqslant f_{2\max} \\ f_{3\min} \leqslant f_3(x) \leqslant f_{3\max} \\ D = \left\{ x \mid f_{2\min} \leqslant f_2(x) \leqslant f_{2\max}, f_{3\min} \leqslant f_3(x) \leqslant f_{3\max} \right\} \end{cases} \tag{5-11}$$

通过上述主要目标法的变化过程，可以将多目标机组组合模型转换为单目标机组组合模型。

4. 极大极小法

对策论中，人们经常要面对这样的情况，即在最不利的情况下，如何才能找到最有利的方案或策略。基于这种思想，求解最小化的多目标优化问题，就是要在每次迭代过

程中寻找这样一种解——使最大子目标的值最小，这就是极大极小法[19, 21]的基本思想。一般情况下，在多目标机组组合问题中，不同目标函数的单位或数量级相差很大，有时候各子目标之间的量纲也不相同。因此，在应用极大极小法处理多目标优化问题时，需要先对各子目标进行归一化处理。

假设对 5.2 节中任意三个子目标进行归一化处理后的子目标函数分别为 $f_1'(x)$，$f_2'(x)$ 和 $f_3'(x)$，则利用极大极小法的思想构造评价函数为

$$h\big(F\big(x\big)\big) = \max_{1 \leqslant j \leqslant 3} \{f_j'(x)\} \tag{5-12}$$

从而可将原模型转化为如下极大极小模型：

$$\min h(F(x)) = \min \left\{ \max_{1 \leqslant j \leqslant 3} \{f_j'(x)\} \right\} \tag{5-13}$$

有时根据实际需要，可以选取一组适当的权重系数 $\omega_1, \omega_2, \cdots, \omega_j$，使得每个子目标函数 $f_j'(x)$ 乘以权重系数，即可构造评价函数：

$$h(F(x)) = \max_{1 \leqslant j \leqslant 3} \{\omega_j f_j'(x)\} \tag{5-14}$$

5. 理想点法

理想点法[22, 23]是进行多目标优化的常见方法之一，借助数学中距离的概念来计算多

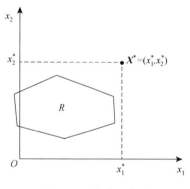

图 5-2　理想点示意图

目标的"满意解"。理想点法的核心思想是：对于一个多目标优化问题，首先设定一个理想点，由此构成理想解；然后构造衡量与理想解之间逼近程度的距离函数，在可行域中寻求一个解，使其与理想点的距离尽可能最小，这个点就称为"满意解"。事实上，理想解一般并不一定是一个多目标优化问题的最佳方案，图 5-2 表示了一个两目标优化问题的理想解。

对于多目标机组组合模型，采用理想点法首先需要确定理想点 $\boldsymbol{X}^* = (x_1^*, x_2^*, \cdots, x_m^*)$。$\boldsymbol{X}^*$ 中的每个分量是通过最小化每个子目标函数得到的，即

$$x_m^* = \min f_m(x) \tag{5-15}$$

构造距离函数为

$$\min d_a = \left(\sum_{i=1}^{m} \left| x_i^* - f_i(x) \right|^a \right)^{1/a} \tag{5-16}$$

式中：a 为参数，根据数学中不同的"距离"定义，其取值也不同，因此距离函数相应的也有多种形式。

6. 模糊优化法

经典数学是建立在集合论的基础之上的，但是经典的集合论是通过把元素限制在有明确外延的概念和事物上，从而表现出"非此即彼"的性质，它限定每一个集合都需要由确定的元素构成，即元素对集合的隶属关系绝对不能是含糊不清的，要求具有明确的属于或不属于关系。而实际工程当中常常存在多种形式的模糊性信息，如事件发生的随机性、数据的非精确性和语言的含糊性等，这些模糊性信息产生的原因也是多样的，如缺乏足够的历史统计数据、缺乏足够可用的理论来描述和支持、知识表达的方式，以及人类的主观性判断或偏好等。由于受知识和认识的限制，这些模糊信息并没有清晰的界限，难以清晰表达和描述。针对这种模糊性的信息，数学理论中逐渐形成了一个新的分支，即模糊数学。

模糊优化法就是在模糊数学的基础上发展而来的一种优化方法，与经典数学中利用特征函数来描述普通集合类似，模糊优化利用模糊集合来描述那些外延不分明的模糊概念。模糊优化中最基本的两个概念是模糊集合和隶属函数。模糊集合是用来表达模糊性概念的集合；而隶属函数是指论域到区间[0, 1]的一种映射关系。

下面给出模糊优化中的基本概念。

给定一个论域 $x \in U$ ，设 μ_A 为论域 U 到区间[0, 1]的一个映射，即

$$\mu_A : U \to [0,1]$$
$$x \to \mu_A(x)$$

（5-17）

式中： μ_A 为 U 上的模糊集，通常记为 A ； $\mu_A(x)$ 为模糊集 A 的隶属函数，对于每个 $x \in U$ ，称 $\mu_A(x)$ 为元素 x 对模糊集 A 的隶属度。

下面介绍多目标机组组合模型的模糊优化处理。

多目标机组组合模型通过模糊优化[21]来处理的基本思想是：对各个子目标进行归一化处理，利用介于 0 和 1 之间的实数来表示隶属程度，分别建立各自的隶属函数，将各个子目标的隶属函数求和从而转化为单目标优化问题，进而利用各种单目标优化方法来进行求解。

针对各子目标函数，采用模糊优化对其进行归一化处理从而建立各个子目标的隶属函数。其形式为

$$\mu_1 = \begin{cases} 1, & f_1 \geqslant f_{1\max} \\ \dfrac{f_1 - f_{1\min}}{f_{1\max} - f_{1\min}}, & f_{1\min} \leqslant f_1 \leqslant f_{1\max} \\ 0, & f_1 \leqslant f_{1\min} \end{cases}$$

（5-18）

$$\mu_2 = \begin{cases} 1, & f_2 \geqslant f_{2\max} \\ \dfrac{f_2 - f_{2\min}}{f_{2\max} - f_{2\min}}, & f_{2\min} \leqslant f_2 \leqslant f_{2\max} \\ 0, & f_2 \leqslant f_{2\min} \end{cases}$$

（5-19）

$$\mu_3 = \begin{cases} 1, & f_3 \geqslant f_{3\max} \\ \dfrac{f_3 - f_{3\min}}{f_{3\max} - f_{3\min}}, & f_{3\min} \leqslant f_3 \leqslant f_{3\max} \\ 0, & f_3 \leqslant f_{3\min} \end{cases} \tag{5-20}$$

式中：$f_{1\max}$ 和 $f_{1\min}$，$f_{2\max}$ 和 $f_{2\min}$，$f_{3\max}$ 和 $f_{3\min}$ 分别为三个子目标函数的最大值和最小值。

5.2 节所述的多目标机组组合模型通过模糊优化处理之后可以写为

$$\min \mu = \mu_1 + \mu_2 + \mu_3 \tag{5-21}$$

式中：μ_1，μ_2 和 μ_3 为隶属函数。

通过上述一系列变化，将多目标机组组合模型转换为单目标机组组合问题，单目标机组组合模型的求解见第 4 章。

5.4　典型算例

5.4.1　考虑系统总发电成本和能源环境效益的多目标机组组合算例

为体现本章所介绍的多目标机组组合模型的各子目标，采用 Pareto 优化和模糊优化对生物地理学算法进行改进，进而通过改进生物地理学算法对考虑系统发电总成本和能源环境效益的两目标机组组合模型进行求解。其目标函数的具体形式见式（5-3）和式（5-7）。式（5-7）中 $\eta_r(P_{Gi})$ 为发电效率 η_{ei} 随有功功率 P_{Gi} 变化的函数关系式，其表达式为

$$\eta_r(P_{Git}) = \gamma_{ie} + \beta_{ie}P_{Git} + \alpha_{ie}P_{Git}^2 \tag{5-22}$$

式中：α_{ie}，β_{ie} 和 γ_{ie} 为第 i 号火电机组效率函数的系数。

在风电并网电力系统中，为了体现风电出力的随机性，多以概率形式来描述约束条件。因此，本算例中约束条件的形式与第 4 章略有不同，即约束条件中含有置信水平，同时也考虑了风电穿透功率极限约束。

1）功率平衡约束

$$P_r \left\{ \sum_{t=1}^{T} \left(\sum_{i=1}^{N_G} P_{Git} + \sum_{k=1}^{N_w} P_{Wkt} \right) \geqslant \sum_{t=1}^{T} P_{Dt} \right\} \geqslant \eta_1 \tag{5-23}$$

式中：P_r 为概率；P_{Dt} 为 t 时刻系统负荷值；η_1 为满足负荷需求的置信水平。

2）备用容量约束

正旋转备用容量约束为

$$P_r \left\{ \sum_{t=1}^{T} \sum_{i=1}^{N_G} (P_{Gi}^{\max} - P_{Gi}) \geqslant \sum_{t=1}^{T} \left(U_{SR} + w_u \sum_{k=1}^{N_w} P_{Wkt} \right) \right\} \geqslant \eta_2 \tag{5-24}$$

式中：U_{SR} 为常规系统的备用需求，一般取当前调度时段内最大一台火电机组的出力，即 $U_{SR} = \max\{P_{Git}\}$；w_u 为风电场出力对正旋转备用的需求系数；η_2 为满足正旋转备用容量约束的置信水平。

负旋转备用容量约束为

$$P_r\left\{\sum_{t=1}^{T}\sum_{i=1}^{N_G}(P_{Git} - P_{Gi}^{\min}) \geq \sum_{t=1}^{T}w_d\sum_{k=1}^{N_W}(P_{Wkrate} - P_{Wkt})\right\} \geq \eta_3 \qquad (5\text{-}25)$$

式中：P_{Wkrate} 为系统中第 k 号风电场的额定出力；w_d 为风电场出力对负旋转备用的需求系数；η_3 为满足负旋转备用容量约束的置信水平。

3）发电机出力约束

火电机组和风电机组出力约束见第 4 章。

4）风电穿透功率极限约束

$$0 \leq P_{Wkt} \leq \delta_W P_{Dt} \qquad (5\text{-}26)$$

式中：δ_W 为风电穿透功率系数。

以含 6 台火电机组和 1 个并网风电场的系统为例进行说明。系统总负荷值为 2.834 pu（系统基准值取 100 MVA），并网风电场包括 60 台风机，风电场额定出力 $P_{Wktrate} = 0.9$ pu，火电机组参数如表 5-1 所示。为简单起见，本算例只计算了调度周期中一个时刻的成本和环境效益。

表 5-1　火电机组参数

机组	$P_{Git}^{\max}$/pu	$P_{Git}^{\max}$/pu	a_i	b_i	c_i	α_{ie}	β_{ie}	γ_{ie}	η_{ei}
1	0.5	0.02	10	200	100	−0.0313	0.1375	0.8300	0.75
2	0.6	0.03	10	150	120	−0.2495	0.4017	0.7466	0.50
3	1.0	0.05	20	180	40	−0.1875	0.3775	0.7795	0.55
4	1.2	0.06	10	100	60	−0.1210	0.3228	0.7496	0.40
5	1.0	0.05	20	180	40	−0.7503	0.5301	0.7472	0.35
6	0.6	0.03	10	150	100	−0.6714	0.4866	0.7520	0.30

表 5-2 和表 5-3 分别为通过改进生物地理学算法求得的 Pareto 前沿中的折中解和极端解。两表对比可以看出，对两个目标折中处理之后，火电机组出力为 2.6120 pu，风电机组出力为 0.2220 pu，得到的成本和环境效益分别为 578.3897 美元/h 和 0.5494。追求经济最优的情况下，火电机组出力为 2.6322 pu，风电机组出力为 0.2018 pu，得到的成本和环境效益分别为 557.5952 美元/h 和 0.5412。追求环境最优的情况下，火电机组出力为 2.6121 pu，风电机组出力为 0.2219 pu，得到的成本和环境效益分别为 589.1122 美元/h 和 0.5505。分析可得，对系统发电成本和能源环境效益综合考虑进行折中求解，所得到的方案与极端只追求经济最优或环境最优下的方案完全不同。只追求单一目标最优，势必会损害另一个目标。因此，必须综合考量两个机组组合决策目标，寻求能够使得两个目标都满意的解。

表 5-2 Pareto 前沿中的折中解

P_{Gf1}/pu	P_{Gf2}/pu	P_{Gf3}/pu	P_{Gf4}/pu	P_{Gf5}/pu	P_{Gf6}/pu	火电机组出力/pu	风电场出力/pu	R_G/(美元/h)	E_e
0.4906	0.4032	0.5907	0.7601	0.1678	0.1996	2.6120	0.2220	578.3897	0.5494

表 5-3 Pareto 前沿中的极端解

目标函数	火电机组出力/pu	风电场出力/pu	R_G/(美元/h)	E_e
经济最优	2.6322	0.2018	557.5952	0.5412
环境最优	2.6121	0.2219	589.1122	0.5505

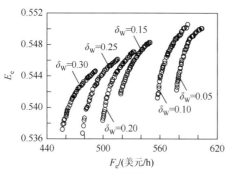

图 5-3 不同风电穿透功率系数 δ_W 下的 Pareto 前沿

图 5-3 和表 5-4 显示了不同的风电穿透功率系数 δ_W 下的调度方案,取置信水平 $\eta_1=0.9$,$\eta_2=\eta_3=0.95$,分别对 δ_W 取值为 0.05,0.10,0.15,0.20,0.25,0.30 下的调度方案进行计算,图 5-3 为不同 δ_W 取值得到的 Pareto 前沿,表 5-4 给出了不同 Pareto 前沿对应的极端解。

图 5-3 中的 6 条 Pareto 前沿有助于了解不同 δ_W 取值对调度方案的影响,使得决策者在不同运行背景下都有较大的选择余地。若决策者倾向于经济效益,可以选择发电资源消耗量较小的调度方案,牺牲部分环境效益;若单纯追求能源环境效益,则以增加资源消耗量为代价。

分析图 5-3 和表 5-4 的计算结果可知,随着风电穿透功率系数 δ_W 的增大,并网风电场出力单调增加,最小发电资源消耗量由 577.4645 美元/h 单调下降至 456.2644 美元/h,δ_W 取值从 0.05 增大到 0.15 时对应的发电资源消耗量下降速率要大于 δ_W 取值从 0.15 增大到 0.30 时的发电资源消耗量下降速率。最优能源环境效益并没有体现出单调性,而是先上升后下降,当 δ_W 取值从 0.05 增大到 0.10 时,能源环境效益上升了 0.0005,δ_W 取值从 0.10 增大到 0.30 时的最优能源环境效益则是缓慢地降低。

表 5-4 不同风电穿透功率系数 δ_W 下的极端解

δ_W	目标函数	火电机组出力/pu	风电场出力/pu	R_G/(美元/h)	E_e
0.05	经济最优	2.7243	0.1097	577.4645	0.5422
	环境最优	2.7255	0.1085	604.3111	0.5500
0.10	经济最优	2.6322	0.2018	557.5952	0.5412
	环境最优	2.6121	0.2219	589.1122	0.5505
0.15	经济最优	2.4364	0.3976	518.6219	0.5417
	环境最优	2.4387	0.3953	549.7699	0.5482

续表

δ_w	目标函数	火电机组出力/pu	风电场出力/pu	R_G/(美元/h)	E_e
0.20	经济最优	2.3650	0.4690	499.7719	0.5383
	环境最优	2.3571	0.4769	532.7489	0.5470
0.25	经济最优	2.2624	0.5716	478.0244	0.5367
	环境最优	2.2686	0.5654	515.2534	0.5461
0.30	经济最优	2.1445	0.6895	456.2644	0.5372
	环境最优	2.1553	0.6787	492.1833	0.5446

5.4.2　考虑系统总发电成本、能源环境效益和系统安全稳定的多目标机组组合算例

为体现本章所介绍的多目标机组组合模型的各子目标，采用模糊优化对模型进行处理，通过改进粒子群算法对考虑系统总发电成本、能源环境效益和系统安全稳定的三目标机组组合模型进行求解。其目标函数的具体形式见式（5-2）、式（5-6）和式（5-7）。

以含有 1 个风电场和 6 台火电机组的测试系统为例进行说明，调度周期为 1 天，分为 24 个时段。系统中的并网风电场包括 60 台风机，每台风机的额定出力为 750 kW。

表 5-5 为考虑能源环境效益模型前后两种情况下，求得的火电机组和风电场各时段输出的有功功率，1～6 分别对应系统中的 6 台火电机组，出力为 0 表示此时按照机组启停计划该机组处于停机状态，输出功率为 0。由表 5-5 可以得出，在满足系统负荷需求和安全稳定的前提下，考虑能源环境效益对调度运行方案产生了较大的影响。

表 5-5　考虑能源环境效益模型前后常规机组与风电场输出有功功率对比

| 时段 | 机组出力/pu（不考虑能源环境效益） | | | | | | | 时段 | 机组出力/pu（考虑能源环境效益） | | | | | | | 能源环境效益 |
	1	2	3	4	5	6	风电		1	2	3	4	5	6	风电	
1	1.857	0.496	0.847	0	0	0	0.155	1	1.530	0.598	0.721	0.346	0	0	0.159	0.5004
2	1.651	0.542	0.795	0	0	0	0.164	2	1.598	0.443	0.655	0.291	0	0	0.165	0.4977
3	1.627	0.451	0.748	0	0	0	0.179	3	1.473	0.464	0.672	0.226	0	0	0.168	0.4963
4	1.433	0.518	0.833	0	0	0	0.168	4	1.264	0.513	0.729	0.268	0	0	0.176	0.4957
5	1.707	0.498	0.619	0	0	0	0.182	5	1.508	0.421	0.557	0.329	0	0	0.187	0.4959
6	1.586	0.470	0.636	0.235	0	0	0.162	6	1.482	0.499	0.699	0.261	0	0	0.156	0.4975
7	2.039	0.472	0.587	0.451	0	0	0.161	7	1.955	0.494	0.635	0.334	0.136	0	0.159	0.5631
8	2.287	0.581	0.793	0.342	0.142	0	0.158	8	2.135	0.637	0.804	0.301	0.152	0.117	0.167	0.5678
9	2.684	0.596	0.795	0.251	0.169	0.143	0.128	9	2.556	0.523	0.775	0.368	0.255	0.130	0.149	0.5677
10	2.712	0.474	0.738	0.372	0.212	0.156	0.152	10	2.544	0.449	0.822	0.382	0.253	0.161	0.153	0.5676
11	2.872	0.532	0.627	0.308	0.221	0.132	0.127	11	2.791	0.513	0.613	0.409	0.231	0.116	0.146	0.5648
12	2.608	0.659	0.697	0.216	0.185	0.213	0.144	12	2.516	0.732	0.642	0.301	0.191	0.205	0.138	0.5674
13	2.491	0.608	0.718	0.287	0.256	0.231	0.136	13	2.307	0.676	0.754	0.389	0.249	0.184	0.163	0.5704

时段	机组出力/pu（不考虑能源环境效益）							时段	机组出力/pu（考虑能源环境效益）							能源环境效益
	1	2	3	4	5	6	风电		1	2	3	4	5	6	风电	
14	2.473	0.695	0.697	0.338	0.154	0.183	0.151	14	2.418	0.591	0.764	0.339	0.227	0.161	0.188	0.5686
15	2.942	0.478	0.518	0.224	0.183	0.146	0.179	15	2.602	0.474	0.684	0.258	0.354	0.125	0.167	0.5649
16	2.879	0.415	0.603	0.276	0.223	0.148	0.175	16	2.577	0.550	0.683	0.275	0.267	0.144	0.181	0.5661
17	2.864	0.529	0.708	0.251	0.247	0.162	0.190	17	2.743	0.741	0.582	0.390	0.198	0.117	0.186	0.5658
18	2.953	0.433	0.651	0.321	0.289	0.179	0.185	18	2.561	0.654	0.728	0.493	0.172	0.208	0.189	0.5695
19	2.895	0.497	0.759	0.298	0.266	0.123	0.176	19	2.805	0.446	0.768	0.443	0.247	0.117	0.193	0.5659
20	2.619	0.625	0.763	0.246	0.217	0.147	0.187	20	2.519	0.723	0.677	0.354	0.208	0.157	0.172	0.5682
21	2.595	0.575	0.731	0.352	0.138	0	0.173	21	2.381	0.633	0.714	0.348	0.169	0.138	0.180	0.5679
22	2.417	0.512	0.672	0.393	0	0	0.163	22	2.182	0.485	0.692	0.497	0.145	0	0.162	0.5399
23	2.251	0.412	0.538	0.312	0	0	0.155	23	2.212	0.445	0.554	0.280	0	0	0.173	0.4986
24	1.723	0.501	0.552	0.228	0	0	0.153	24	1.659	0.452	0.473	0.338	0	0	0.146	0.4963

　　表 5-6 为优化调度中考虑能源环境效益模型前后两种情况下常规发电机组成本的对比。在调度运行时考虑能源环境效益后，常规机组的发电成本由 128 218.347 9 美元升高到 136 871.336 2 美元，发电成本上升了 8 652.988 3 美元。

表 5-6　考虑能源环境效益模型前后发电成本对比

优化调度目标	发电成本/美元
不考虑能源环境效益	128 218.347 9
考虑能源环境效益	136 871.336 2

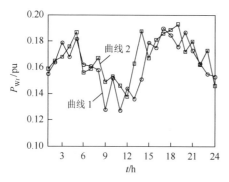

图 5-4　考虑能源环境效益模型前后风电场出力对比

　　图 5-4 为考虑能源环境效益模型前后风电场各时段出力情况的对比。由图 5-4 可以看出，曲线 2 在 24 个时段内总的出力大于曲线 1，这也从能源环境效益方面反映了风电的绿色和清洁。同时，风电场出力的增加也提高了火电机组的能源环境效益，减少了污染物对生态环境的破坏。能源环境效益并不像火电机组的资源消耗量一样，可以通过具体的价值进行衡量，能源环境效益更多的是以一种"隐形资本"的形式表现出来的。

　　通过表 5-5 和表 5-6 的分析可以得出，考虑能源环境效益后，会略微提高火电机组的资源消耗量，但同时大大提升了整个发电系统的能源环境效益这一"隐形资本"，减少了对生态环境的污染和破坏。由此可见，在全球大力发展低碳经济、国家落实节能减排的背景下，考虑能源环境效益对于优化电力系统调度具有深远的意义。

本章参考文献

[1]　杨楠. 考虑源荷互动和风电随机性的电力系统安全经济调度方法研究[D]. 武汉：武汉大学，2014.

[2]　李群，张刘冬，殷明慧，等. 基于模糊决策方法的含风电场电力系统机组组合[J]. 电网技术，2013，37（9）：2480-2485.

[3]　陈道君，龚庆武，张茂林，等. 考虑能源环境效益的含风电场多目标优化调度[J]. 中国电机工程学报，2011，31（13）：10-17.

[4]　陈道君，龚庆武，乔卉，等. 采用改进生物地理学算法的风电并网电力系统多目标发电调度[J]. 中国电机工程学报，2012，32（31）：150-158，231.

[5]　LI Y Z. Discussion of "adaptive robust optimization for the security constrained unit commitment problem"[J]. IEEE Transactions on Power Systems，2014，29（2）：996-996.

[6]　张舒，胡泽春，宋永华，等. 基于网损因子迭代的安全约束机组组合算法[J]. 中国电机工程学报，2012，32（7）：76-82，194.

[7]　谢胤喆，郭瑞鹏. 考虑风电机组无功特性的安全约束机组组合方法[J]. 电力系统自动化，2012，36（14）：113-118.

[8]　郭丹阳，高明宇，班明飞，等. 考虑环境容量裕度的差别化燃煤机组组合模型[J]. 电力系统自动化，2018，42（12）：36-43.

[9]　盛四清，孙晓霞. 考虑节能减排和不确定因素的含风电场机组组合优化[J]. 电力系统自动化，2014，38（17）：54-59.

[10]　LI Y F，PEDRONI N，ZIO E. A memetic evolutionary multi-objective optimization method for environmental power unit commitment[J]. IEEE Transactions on Power Systems，2013，28（3）：2660-2669.

[11]　SRIKANTH R K，PANWAR L K，PANIGRAHI B K，et al. Modeling of carbon capture technology attributes for unit commitment in emission-constrained environment[J]. IEEE Transactions on Power Systems，2017，32（1）：662-671.

[12]　张晓花，赵晋泉，陈星莺. 节能减排多目标机组组合问题的模糊建模及优化[J]. 中国电机工程学报，2010，30（22）：71-76.

[13]　肖晓伟，肖迪，林锦国，等. 多目标优化问题的研究概述[J]. 计算机应用研究，2011，28（3）：805-808，827.

[14]　谢敏，闫圆圆，刘明波，等. 含随机风电的大规模多目标机组组合问题的向量序优化方法[J]. 电网技术，2015，39（1）：215-222.

[15]　胡博文，艾欣，黄仁乐，等. 考虑风-光消纳和环境效益的多目标模糊优化调度模型[J]. 现代电力，2017，34（3）：36-43.

[16]　梅生伟，刘锋，魏韡. 工程博弈论基础及电力系统应用[M]. 北京：科学出版社，2016.

[17]　盛四清，范林涛，李兴，等. 基于帕累托最优的配电网多目标规划[J]. 电力系统自动化，2014，38（15）：51-57.

[18]　陆文玲. 计及阀点效应的电力系统经济调度与水火电优化及多目标评价研究[D]. 桂林：广西大学，2016.

[19]　马小姝，李宇龙，严浪. 传统多目标优化方法和多目标遗传算法的比较综述[J]. 电气传动自动化，2010，32（3）：48-50，53.

[20]　林锉云，董加礼. 多目标优化的方法与理论[M]. 长春：吉林教育出版社，1992.

[21]　郭子雪，郑玉蒙，王世超. 模糊线性加权法求解电力系统经济调度问题[J]. 华电技术，2015，37（2）：13-15，29，76.

[22]　胡毓达. 多目标最优化方法[J]. 上海交通大学学报，1981（3）：137-147.

[23]　宣家骥. 多目标决策"理想点法"的推广[J]. 湖南大学学报（自然科学版），1991，18（6）：44-50.

第 *6* 章

考虑不确定性的电力系统
机组组合问题

6.1 引　　言

近年来，全球气候变化问题和能源危机问题日益严重，开发利用以风能和太阳能为代表的新能源成为一种有效的应对措施。然而，这些新能源对电网而言并不是一种友好性能源，作为一种不可控能源，它们本身具有间歇性和波动性等不确定性。因此，随着风电和光伏发电等分布式电源的大规模并网，在进行机组组合决策时需要考虑大量的不确定性因素。由于传统的机组组合模型无法很好地适应这种变化，学者们将机组组合的研究重点集中到了不确定性机组组合问题上。

由于风、光电源具有间歇性和随机性的特点，其大规模接入使得机组组合问题的难度显著增加。预测这些间歇性电源的有功出力，一方面可以为机组组合决策提供可靠的依据；另一方面，通过确定系统的旋转备用容量，可以有效提高含间歇性电源电力系统的运行可靠性。因此，它对间歇性电源的发电出力进行预测具有重要的现实意义。本章将以间歇性电源出力的概率特性建模为切入点，以风电为例，由浅入深地介绍几种典型的解决不确定性机组组合问题的方法。

6.2　间歇性电源出力的概率特性建模

由于不确定性电源的广泛接入，其出力的随机波动性将成为未来智能电网的重要特性，建立概率特性模型对未来电源出力随机性进行客观模拟和准确预测，对不确定性问题的研究有着极为重要的意义。目前，国内外学者对间歇性电源出力的概率特性建模方法做了大量研究，其中，参数估计和非参数估计两种方法应用最为广泛。因此，本节将详细介绍这两种方法及其在间歇性电源出力中的应用。

6.2.1　参数估计方法

1. 针对单变量的参数估计方法

在参数估计中，常用的针对独立单变量随机性因素的概率特性建模方法主要包括矩估计法、最小二乘法和极大似然估计法。

1）矩估计法

最简单的矩估计法是用一阶样本原点矩估计总体期望，而用二阶样本中心矩估计总体方差。

（1）用样本均值 $\bar{X}$ 作为总体均值 $E(X)$ 的估计量。

$$\hat{E}(X) = \bar{X} = \frac{1}{n}\sum_{i=1}^{n} X_i \tag{6-1}$$

（2）用二阶中心矩 M_2 作为总体方差 $D(X)$ 的估计量。

$$\hat{D}(X) = M_2 = \frac{1}{n}\sum_{i=1}^{n}(X_i - \bar{X})^2 \tag{6-2}$$

2）最小二乘法

为了选出使得模型输出与系统输出尽可能接近的参数估计值，可用模型与系统输出的误差的平方和来度量接近程度，使误差平方和最小的参数值即为所求估计值。其数学表达式为

$$\min \sum e_i^2 = \sum (Y_i - \hat{Y}_i)^2 = \sum (Y_i - b_0 - b_1 b_i)^2 \tag{6-3}$$

以一元线性回归方程 $Y_i = B_0 + B_1 x_i + \mu_i$ 为例分析其原理，由于不能对总体回归方程进行参数估计，只能对样本回归函数进行估计，即

$$Y_i = b_0 + b_1 x_i + e_i, \quad i = 1,2,\cdots,n \tag{6-4}$$

由公式（6-4）可以看出，残差 e_i 为 Y_i 的真实值与估计值之差。估计总体回归函数最优方法是：选择 B_0 和 B_1 的估计量 b_0 和 b_1，使得残差 e_i 尽可能小。

3）极大似然估计法

设 $x_1, x_2, \cdots, x_n$ 是 $X_1, X_2, \cdots, X_n$ 的一个样本值。X 的分布列为 $P\{X = x_i\} = p(x_i, \theta)$，$p(x_i, \theta)$ 形式已知。$X_1, X_2, \cdots, X_n$ 的联合分布列为

$$\prod_{i=1}^{n} p(x_i;\theta) = p(x_1;\theta)p(x_2;\theta)\cdots p(x_n;\theta), \quad \theta \in D$$

事件 $\{X_1 = x_1, X_2 = x_2, \cdots, X_n = x_n\}$ 发生的概率为 $L(\theta) = L(x_1, x_2, \cdots, x_n; \theta) = \prod_{i=1}^{n} p(x_i;\theta)$，

即样本的似然函数。样本的似然函数为 $L(\theta) = L(x_1, x_2, \cdots, x_n; \theta) = \prod_{i=1}^{n} p(x_i;\theta)$，现从中挑选使概率 $L(x_1, x_2, \cdots, x_n; \theta)$ 达到最大的参数 $\hat{\theta}$ 作为 θ 的估计值，即取 $\hat{\theta}$ 使得

$$L(x_1, x_2, \cdots, x_n; \hat{\theta}) = \max_{\theta \in D} L(x_1, x_2, \cdots, x_n; \theta) \tag{6-5}$$

式中：$\hat{\theta}$ 与 $x_1, x_2, \cdots, x_n$ 有关，记为 $\hat{\theta}(x_1, x_2, \cdots, x_n)$，称为参数 θ 的极大似然估计值；$\hat{\theta}(X_1, X_2, \cdots, X_n)$ 称为参数 θ 的极大似然估计量。

2. 针对多变量的参数估计方法

单变量参数密度估计法往往只能针对一种因素特性进行分析，而实际问题通常涉及多个因素，因此，研究针对多变量随机性因素的概率特性建模问题具有重要的实际意义。常利用 Copula 函数建立联合概率分布模型，将多变量问题转换为单变量问题，再利用单变量的方法进行估计。Copula 函数描述的是变量间的相关性，实际上是一类将联合分

布函数与其各自的边缘分布函数连接在一起的函数，因此也有人称之为连接函数。

令 F 为一个 n 维变量的联合累积分布函数，其中各变量的边缘累积分布函数记为 F_i，则存在一个 n 维 Copula 函数 C 使得

$$F(x_1, x_2, \cdots, x_n) = C(F_1(x_1), F_2(x_2), \cdots, F_n(x_n)) \tag{6-6}$$

若边缘累积分布函数 F_i 是连续的，则 Copula 函数 C 是唯一的。不然，Copula 函数 C 只在各边缘累积分布函数值域内是唯一确定的。

对于有连续边缘分布的情况，对所有的 $u \in [0,1]^n$ 均有

$$C(u) = F\left(F_1^{-1}(x_1), F_2^{-1}(x_2), \cdots, F_n^{-1}(x_n)\right) \tag{6-7}$$

常用的三种 Copula 函数为二元正态 Copula 函数、二元 t-Copula 函数、二元阿基米德（Archimedes）Copula 函数。

参数估计法的一个重要特点是，先选取一种先验经验分布模型来模拟研究对象的概率密度，然后利用样本数据对先验模型进行参数估计，这种模拟研究对象的概率密度建模方法依赖于对模型的先验界定。这一方面导致研究对象的概率密度建模过分依赖人为主观因素，一旦先验模型假设有误差，那么无论样本容量多大都无法保证估计模型最终收敛于真实的样本分布；另一方面，不同地域、不同情况下的风电功率和光伏输出功率等都有可能服从不同的概率密度形式，因而需要确定不同的先验模型，从而降低了概率建模方法的普遍适用性。因此，参数估计只适用于已经了解研究对象的概率分布。另外，参数估计方法能够较快速、准确地做出合理的估计。

6.2.2 非参数估计方法

非参数估计方法[1-5]是近 20 年来现代统计学发展的一个重要方向，它不需要模型的先验界定，在不知道潜在的概率密度遵循何种标准参数形式时，该方法具有极大优势，已经成为对未知分布数据模型构建及不完全数据处理的重要手段。而非参数核密度估计方法则是其中一种估计精度高且可以构建连续的概率模型的方法，已经在金融、气象、遗传、水文和生理学等领域得到应用。

非参数核密度估计主要分为两类，即单变量核密度估计和多变量核密度估计。

1. 单变量核密度估计

1）基本原理

假设 $X_1, X_2, \cdots, X_n$ 为 n 个离散随机样本，其概率密度函数 $f(x)$ 未知，则此概率密度函数的核密度估计可从经验分布函数中导出，即

$$F_n(x) = \frac{1}{n} \quad （X_1, X_2, \cdots, X_n \text{ 中小于 } x \text{ 的个数}） \tag{6-8}$$

取均匀核为核函数，即

$$K(x) = \begin{cases} 0.5, & -1 \leqslant x < 1 \\ 0, & \text{其他} \end{cases} \tag{6-9}$$

则密度估计为

$$\begin{aligned} \hat{f}_n(x) &= \frac{F_n(x+l_n) - F_n(x-l_n)}{2l_n} = \frac{1}{2l_n} \int_{x-l_n}^{x+l_n} \mathrm{d}F_n(t) \\ &= \int_{x-l_n}^{x+l_n} \frac{1}{l_n} K_0 \frac{t-x}{l_n} \mathrm{d}F_n(t) = \frac{1}{nl_n} \sum_{i=1}^{n} K_0 \frac{X_i - x}{l_n} \end{aligned} \tag{6-10}$$

式中：$K(\cdot)$ 为核函数，并且具有如下属性：

$$\begin{cases} \int K(u)\mathrm{d}u = 1 \\ \int u K(u)\mathrm{d}u = 0 \\ \int u^2 K(u)\mathrm{d}u = \mu_2(K) > 0 \end{cases} \tag{6-11}$$

式中：$K(\cdot)$ 通常选取以 0 为中心的对称单峰概率密度函数。

距离分配各个样本点对密度贡献的不同决定了该使用何种核函数。通常选择什么核函数并不是密度估计中最关键的因素，因为选用任何核函数都能保证密度估计具有稳定相合性，只要它们是对称的和单峰的。依潘涅契科夫（Epanechikev）和斯科特（Scott）通过统计试验发现，当带宽 l 为最优选择时，不同核函数的作用是等价的。相关研究表明，在最优带宽选择下，不同核函数的核密度估计表现几乎都相同。因此，通常认为满足一定条件的任何核函数都是合适的。

2）单变量核密度估计的带宽选择

当样本数据足够大时，$\hat{f}_l(x)$ 的精度完全取决于核函数和带宽系数的选择。虽然核函数的选择具有多样性，但当带宽给定时不同核函数对 $\hat{f}_l(x)$ 的影响是等价的，当给定核函数时带宽 l 的选择则对 $\hat{f}_n(x)$ 有重大影响。

$$\mathrm{Bias}\left\{\hat{f}_l(x)\right\} = E\left(\hat{f}_l(x) - f_l(x)\right) = \frac{l^2}{2} \mu_2(K) f''(x) + o(l^2) \tag{6-12}$$

$$\mathrm{Var}\left\{\hat{f}_l(x)\right\} = \frac{1}{nl} R(K) f(x) + o\left(\frac{1}{nl}\right) \tag{6-13}$$

$$R(K) = \int K^2(u)\mathrm{d}u \tag{6-14}$$

核密度估计的偏差和方差可由式（6-13）和式（6-14）分别计算得到，由此可见，带宽 l 的选择无法使偏差和方差同时减小。当 l 取值偏大时，偏差较大，而方差较小，导致 $\hat{f}_l(x)$ 过于平滑，使得 $f(x)$ 的某些细节被遗漏，如多峰情形所得的估计密度低于峰值；当 l 取值偏小时，偏差减小，而方差较大，导致 $\hat{f}_l(x)$ 欠平滑，$\hat{f}_l(x)$ 将会出现较大摆动。因此，核密度估计的最优带宽 l 为能使偏差和方差得到综合权衡的数值。

2. 多变量核密度估计

从理论分析的角度，单变量数组情形简单明了，然而，密度函数的核密度估计在许多重要应用领域均涉及高维数组。从单变量核密度估计的大样本特性中容易推广至多变量的情况。

记 $\mathrm{supp}(f) = \{x : f(x) > 0\}$。设 $x \in \mathrm{supp}(f) \subset R^d$ 为 $\mathrm{supp}(f)$ 的内点，假设当 $n \to \infty$ 时，$l_n \to 0$，$l_n \to \infty$，核密度估计具有如下性质。

（1）$\mathrm{Bias}(\hat{f}_n(x)) = \dfrac{l_n^2}{2} \mu_2(K) f^{(2)}(x) + o(l_n^2)$；

（2）$\mathrm{Var}(\hat{f}_n(x)) = (nl_n)^{-1} f(x) R(K) + o((nl_n)^{-1}) + o(n^{-1})$；

（3）$\hat{f}_l(x) \xrightarrow{p} f(x)$；

（4）$(nl_n)^{1/2} l_n^2 [\hat{f}_l(x) - E\hat{f}_l(x)] \xrightarrow{d} N(0, f(x)R(K))$；

（5）若 $(nl_n)^{1/2} l_n^2 \to 0$，则 $(nl_n)^{1/2} [\hat{f}_l(x) - \hat{f}_n(x)] \xrightarrow{d} N(0, f(x)R(K))$。

1）基本原理

按时序变化的数据彼此之间一般具有较强的相关性。设 X^k 为 k 个连续时序负荷所构成的向量变量，令 $X^k = (x_1, x_2, \cdots, x_k)^{\mathrm{T}}$，若已知向量 X^k 的 n 个样本 $X_{k,i} = (y_{i1}, y_{i2}, \cdots, y_{ki})^{\mathrm{T}}$，$i = 1, 2, \cdots, n$，则 X^k 联合概率密度函数 $f(X^k)$ 的核密度估计可定义为

$$\hat{f}(X^k) = \frac{1}{n} \sum_{i=1}^{n} \frac{1}{l_1 l_2 \cdots l_k} \prod_{j=1}^{k} K\left(\frac{x_j - y_{ji}}{l_j}\right) \tag{6-15}$$

式中：l_j 为第 j 个负荷变量的平滑系数，也称为带宽，表征了核函数在负荷样本点附近的作用范围；$K(\cdot)$ 称为窗函数或核函数，须满足如下条件：

$$\begin{cases} \int_d K(\boldsymbol{x}) \mathrm{d}\boldsymbol{x} = 1 \\ \int_d \boldsymbol{x} K(\boldsymbol{x}) \mathrm{d}\boldsymbol{x} = 0 \\ \int_d \boldsymbol{x}\boldsymbol{x}^{\mathrm{T}} K(\boldsymbol{x}) \mathrm{d}\boldsymbol{x} = I_d \end{cases} \tag{6-16}$$

式（6-16）提供了 k 个连续时序变量的联合概率密度分布，即多变量密度函数的核估计。但对于多变量核密度估计变量数的选择还需注意"维数灾"，维数 k 越高则所需样本数越多。

2）多变量核密度估计的带宽选择

与单变量核密度估计一样，多变量核密度估计在给定最优带宽时，不同核函数对估计结果的影响是很小的。实际工作中，选择满足一定条件的核函数即可。而对于带宽，从计算角度看，非参数核密度估计方法虽然在建模阶段几乎不涉及计算，但在带宽估计和评价阶段却计算量较大。计算的复杂度是非参数核密度估计技术应用的显著瓶颈，而

序优化是一种求解复杂优化问题的有效方法，它能够在目标函数复杂、计算量大的情况下以足够高的概率求出足够好的解。针对多目标带宽优化模型，首先基于模糊数学理论对模型进行模糊优化处理，然后利用序优化方法进行求解，可有效提升非参数核密度估计的计算效率。

6.2.3 间歇性电源出力的概率特性建模方法

间歇性电源出力的相关性即为电源出力的概率密度特性。本小节以风电为例，分别介绍处理单个随机量和多个随机量两种间歇性电源出力的相关性建模方法。

1. 基于单变量非参数核密度估计的风电出力相关性建模

设 $p_1, p_2, \cdots, p_n$ 为风电有功出力 P 在采样周期内采样收集的 n 个样本，则风电功率概率密度函数的非参数核密度估计为

$$\hat{q}(p,l) = \frac{1}{nl} \sum_{i=1}^{n} K\left(\frac{p - p_i}{l}\right) \tag{6-17}$$

式中：$\hat{q}(p)$ 为基于非参数核密度估计的风电功率概率密度函数；$K(p,l)$ 为核函数；p_i 为风电有功出力的第 i 个样本值；l 为带宽。

为保证被估计概率密度函数的连续性，核函数 $K(p,l)$ 须为对称平滑非负函数，它需要满足以下特性：

$$\begin{cases} \int K(p)\mathrm{d}p = 1 \\ \int pK(p)\mathrm{d}p = 0 \\ \int p^2 K(p)\mathrm{d}p = c \end{cases} \tag{6-18}$$

式中：c 为常数。

本章选择高斯（Gauss）函数作为风电功率概率密度估计的核函数，即

$$K(p) = \frac{1}{\sqrt{2\pi}} \exp\left(-\frac{p^2}{2}\right) \tag{6-19}$$

由式（6-17）和式（6-19）可知，风电功率概率密度函数的非参数核密度估计可改写为

$$\hat{q}(p,l) = \frac{1}{\sqrt{2\pi}nl} \sum_{i=1}^{n} \exp\left[-\frac{1}{2}\left(\frac{p - p_i}{l}\right)^2\right] \tag{6-20}$$

非参数核密度估计模型中，带宽 l 的选择是影响核密度估计精确性的关键因素。若 l 值过大，则可能导致概率密度函数平滑性过高，从而引起较大估计误差；若 l 值过小，虽然可以提高估计精度，但可能导致概率密度函数的波动性过高（尤其是概率密度曲线的尾部）。由此可见，带宽优化的目标是，选择一个合适的带宽，同时保证非参数核密度估计函数曲线的准确性和平滑性。

因此，这里运用两个指标来描述核密度估计函数的准确性和平滑性。其中，用于描述估计函数准确性的积分均方误差为

$$R_{\mathrm{ise}}(l) = \int [\hat{q}(p,l) - q(p)]^2 \mathrm{d}p \tag{6-21}$$

式中：$q(p)$ 为风电功率的真实概率密度函数，在风电功率真实概率密度未知的情况下，一般用基于历史数据的离散统计结果代替。

用于表征核密度估计函数平滑性的滑动积分均方误差为

$$R_{\mathrm{sme}}(l) = \int [\hat{q}(p,l) - \overline{q}(p,l)]^2 \mathrm{d}p \tag{6-22}$$

式中：$\overline{q}(p,l)$ 为非参数核密度估计函数 $\hat{q}(p)$ 的持续性分量，一般可用滑动平均方法进行提取。

由定义即可看出，上述两个指标相互制约，为实现非参数核密度估计精确性和平滑性的统筹协调，需要保证在带宽优化过程中精确性指标 R_{ise} 和平滑性指标 R_{sme} 综合最小。因此，结合式（6-21）和式（6-22），构建带宽优化多目标模型为

$$\min R(l) = \min \left\{ R_{\mathrm{ise}}(l), R_{\mathrm{sme}}(l) \right\} \tag{6-23}$$

式中：$R(l)$ 为非参数核密度估计的带宽优化目标函数。

2. 基于多变量非参数核密度估计的风电出力相关性建模

假设已知 m 个风电场在采样周期内每个风电场均有 n 个出力数据样本，且第 i 个采样点的有功功率向量为 $\boldsymbol{X}_i = [X_{i1}, X_{i2}, \cdots, X_{im}]^{\mathrm{T}}$，$i = 1, 2, \cdots, n$，这 m 个风电场的出力随机变化可以用一个 m 维随机矢量 $\boldsymbol{x} = [x_1, x_2, \cdots, x_m]^{\mathrm{T}}$ 来表示，其联合概率密度函数为 $f(\boldsymbol{x}) = f(x_1, x_2, \cdots, x_m)$，则此多变量风电出力概率密度函数的多变量核密度估计模型为

$$\hat{f}(\boldsymbol{x}) = \frac{1}{n} \sum_{i=1}^{n} \frac{1}{|\boldsymbol{L}|^{1/2}} K[\boldsymbol{L}^{-1/2}(\boldsymbol{x} - \boldsymbol{X}_i)] \tag{6-24}$$

式中：$\boldsymbol{L}$ 称为带宽矩阵，是一个 $m \times m$ 对称正定矩阵；$K(\boldsymbol{x})$ 为多变量核函数，它必须满足如下条件：

$$\begin{cases} \int_{\mathbf{R}^m} K(\boldsymbol{x}) \mathrm{d}\boldsymbol{x} = 1 \\ \int_{\mathbf{R}^m} \boldsymbol{x} K(\boldsymbol{x}) \mathrm{d}\boldsymbol{x} = 0 \\ \int_{\mathbf{R}^m} \boldsymbol{x} \boldsymbol{x}^{\mathrm{T}} K(\boldsymbol{x}) \mathrm{d}\boldsymbol{x} = \boldsymbol{I}_m \end{cases} \tag{6-25}$$

研究表明，只要满足式（6-25），核函数的形式对于概率密度建模的精度影响不大。因此，这里选择高斯函数作为核函数。

式（6-24）中，带宽矩阵 $\boldsymbol{L}$ 的具体形式为

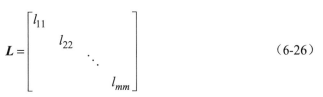

$$L = \begin{bmatrix} l_{11} & & & \\ & l_{22} & & \\ & & \ddots & \\ & & & l_{mm} \end{bmatrix} \tag{6-26}$$

对于多变量非参数核密度估计建模，带宽矩阵选取是直接影响建模精度的最重要因素，而带宽矩阵一般通过构建带宽优化模型进行求解。由于带宽矩阵中的元素数目较多，其计算复杂性远远大于单变量核密度估计。为减小计算复杂程度，对式（6-24）进行如下简化：

$$\hat{f}_m(\boldsymbol{x}) = \frac{1}{n}\sum_{i=1}^{n}\frac{1}{l_1 l_2 \cdots l_m}\frac{1}{(\sqrt{2\pi})^m}e^{-\frac{1}{2}M(\boldsymbol{x})} \tag{6-27}$$

式中：$M(\boldsymbol{x})$ 为一个多项式，其具体形式为

$$M(\boldsymbol{x}) = \left(\frac{x_1 - X_{i1}}{l_1}\right)^2 + \left(\frac{x_2 - X_{i2}}{l_2}\right)^2 + \cdots + \left(\frac{x_m - X_{im}}{l_m}\right)^2 \tag{6-28}$$

式中：l_m 为第 m 个风电场的带宽，下同。

多变量非参数核密度估计模型中，带宽矩阵 $\boldsymbol{L}$ 的选择会直接影响所建模型的精度和平滑性。若 $\boldsymbol{L}$ 过大，则可能导致概率密度函数 $\hat{f}(\boldsymbol{x})$ 平滑性过高，从而引起较大估计误差；若 $\boldsymbol{L}$ 过小，虽然可以提高估计精度，但可能导致概率密度函数 $\hat{f}(\boldsymbol{x})$ 的波动性过高（尤其是概率密度曲线的尾部）。

本小节介绍另外两种指标来描述核密度估计函数的准确性和平滑性，即欧氏距离和最大距离，前者用于评估模型的准确性，后者用于评估其平滑性。其中，欧氏距离的定义如下：

$$\min_{\boldsymbol{X}}\left\{\max_{(\boldsymbol{C},\boldsymbol{M},n)\in U}\boldsymbol{C}^{\mathrm{T}}\boldsymbol{X} : \boldsymbol{M}\boldsymbol{X} \leqslant n, \forall\left(\boldsymbol{C},\boldsymbol{M},n\right)\in U\right\}$$

$$d_{\mathrm{O}}(\boldsymbol{L}) = \sqrt{\sum_{i=1}^{n}d_{\mathrm{J}i}^2(\boldsymbol{L})} \tag{6-29}$$

式中：$d_{\mathrm{J}i}(\boldsymbol{L})$ 为第 i 个样本点的几何距离；$d_{\mathrm{J}i}(\boldsymbol{L}) = \left|\hat{f}(x_i) - f(x_i)\right|$。

最大距离定义为

$$d_{\mathrm{M}}(\boldsymbol{L}) = \max\{d_{\mathrm{J}i}(\boldsymbol{L})\} \tag{6-30}$$

结合式（6-29）和式（6-30），构建兼顾模型精确性和平滑性的带宽优化模型如下：

$$\min R(\boldsymbol{L}) = \min\{d_{\mathrm{O}}(\boldsymbol{L}) + d_{\mathrm{M}}(\boldsymbol{L})\} \tag{6-31}$$

式中：$R(\boldsymbol{L})$ 为多变量非参数核密度估计的适应度函数。

由式（6-31）可知，现有的非参数核密度估计理论采用的是固定带宽，即只求取一个 $\boldsymbol{L}$ 使得所有样本数据的适应度总和最小。这种处理方法有可能存在这样一种情况，即对于个别样本数据，适应度函数异常大。对于这些样本数据，可针对性地对固定带宽进行修改，求解出适应于局部样本区间的自适应带宽矩阵，从而将原有的固定带宽矩阵改变为带宽矩阵序列，这样即可保证所建概率模型对样本区间的自适应特性，并进一步提升模型的建模精度。因此，在前述多变量非参数核密度估计的基础上，增加如下改进策略。

在利用带宽优化模型求得初次最优带宽矩阵 $\boldsymbol{L}_Z$ 后，对样本区间的适应度进行判别。

对任意样本区间 $l \in [l_1, l_2]$，$l_2 > l_1$ 且 $l_1, l_2 \in [1, n]$，若满足以下不等式，则称该样本区间存在局部适应性问题：

$$d_{Jl}(\boldsymbol{L_Z}) \geqslant \lambda \overline{d_J(\boldsymbol{L_Z})} \qquad (6\text{-}32)$$

式中：$d_{Jl}(\boldsymbol{L_Z})$ 为任意样本区间内的几何距离；$\overline{d_J(\boldsymbol{L_Z})}$ 为整个样本空间的平均几何距离；λ 为调节系数。λ 越小，则筛选越严格，所需调节的区间也越多，虽然提高了建模精度但会极大增加模型的求解复杂度；λ 越大，则会降低求解复杂度，但模型精度也会随之下降。其具体取值可根据实际测试情况确定。

平均几何距离 $\overline{d_J(\boldsymbol{L_Z})}$ 的数学表达式为

$$\overline{d_J(\boldsymbol{L_Z})} = \frac{1}{n} \sum_{i=1}^{n} d_{Ji}(\boldsymbol{L_Z}) \qquad (6\text{-}33)$$

针对上述存在局部适应性问题的区间，构建带宽调整模型，对带宽矩阵进行修正：

$$\boldsymbol{L}_l = \frac{n_l d_J(\boldsymbol{L_Z})_{\text{mid}}}{\sqrt{-2 \ln \delta}} \boldsymbol{L_Z} \qquad (6\text{-}34)$$

式中：$\boldsymbol{L}_l$ 为样本区间的带宽；n_l 为样本区间内样本的个数；$d_J(\boldsymbol{L_Z})_{\text{mid}}$ 为样本区间内几何距离的中位数；δ 为核函数阈值。

由此，可以将式（6-27）修改为如下形式，从而提出针对多风电场联合概率密度建模的自适应多变量非参数核密度估计模型：

$$\hat{f}_m(\boldsymbol{x}) = \frac{1}{\sum\limits_{i=1}^{l_1} \prod \boldsymbol{L_Z}} \sum_{i=1}^{l_1} \frac{\omega_i}{\prod \boldsymbol{L_Z}} \frac{1}{(\sqrt{2\pi})^m} e^{-M_z(x)/2} + \frac{1}{\sum\limits_{i=l_1}^{l_2} \prod \boldsymbol{L}_{l_1}} \sum_{i=l_1}^{l_2} \frac{\omega_i}{\prod \boldsymbol{L}_{l_1}} \frac{1}{(\sqrt{2\pi})^m} e^{-M_h(x)/2} + \cdots$$

$$+ \frac{1}{\sum\limits_{i=l_{k-1}}^{l_k} \prod \boldsymbol{L}_{l_{k-1}}} \sum_{i=l_{k-1}}^{l_k} \frac{\omega_i}{\prod \boldsymbol{L}_{l_{k-1}}} \frac{1}{(\sqrt{2\pi})^m} e^{-M_{l_k}(x)/2} + \frac{1}{\sum\limits_{i=l_k}^{n} \prod \boldsymbol{L_Z}} \sum_{i=l_k}^{n} \frac{\omega_i}{\prod \boldsymbol{L_Z}} \frac{1}{(\sqrt{2\pi})^m} e^{-M_z(x)/2}$$

$$(6\text{-}35)$$

式中：k 为需要调整的样本区间个数；$\boldsymbol{L}_{l_k}$ 为区间 l_k 的修正带宽矩阵；ω_i 为量测权重。这里采用如下量测权重公式：

$$\omega_i = \alpha + \exp\left(-\frac{s_i^2}{\bar{s}^2}\right) \qquad (6\text{-}36)$$

式中：α 为一很小的正数；s_i 为第 i 个量测标准差；$\bar{s} = \frac{1}{n}\sqrt{\sum\limits_{i=1}^{n} s_i^2}$ 为全部量测标准差的几何平均值。

6.3　基于场景法的机组组合

近年来，如何合理地解决日益增长的不确定性问题，已成为机组组合问题研究的热点。本节在 6.2 节的基础上介绍一种不确定性机组组合问题的处理方法——场景法。前面已对场景法的思想进行了简单的说明，本节主要介绍使用场景法解决不确定性机组组合问题时常用的几种场景生成方法和场景缩减技术。

6.3.1　场景生成方法

目前，场景生成法[6,7]作为一种处理随机变量不确定性的有效方法，得到了广泛的应用。在不确定性机组组合问题中，一个风电出力时间序列 $\{P_1^W, P_2^W, P_3^W,\}$ 即一个风电场景，风电场景集是一系列风电可能出力场景的集合。风电场景集能够体现风电出力的不确定性，把不确定性问题转化为确定性问题进行求解。理论上，风电场景数量是无限的，但只有有限的风电场景可参与决策。参与决策的场景个数越多，所能提供的风电不确定性信息越充分，规划结果就越精确；但随着场景个数增多，机组组合模型规模也会呈指数形式增长，从而产生不必要的计算成本。因此，如何生成可靠的风电场景集是构建基于场景法机组组合问题数学模型的核心。风电场景生成方法主要分为三步：首先，根据已知信息，确定不确定因素的分布规律；其次，根据不确定因素的分布规律，抽样生成批量场景；最后，对生成的批量场景进行筛选，利用场景缩减技术合并部分相似场景，得到可靠的场景集合。在第 2 章和本章 6.2 节中已给出了确定不确定性因素分布规律的方法，生成风电出力场景的下一步骤便是基于预测的风电出力曲线，采用一定的抽样方法，批量生成风电出力场景。本小节将介绍两种常用的抽样方法。

1. 蒙特卡罗抽样

蒙特卡罗抽样（Monte Carlo sampling，MCS）是一种简单的随机抽样方法，它以统计抽样理论为基础，利用随机数来模拟随机变量。蒙特卡罗抽样是完全随机的，在随机变量的分布区域内，样本点可能落在任意位置。在变量概率密度比较大的部分，蒙特卡罗抽样会出现"聚焦"现象，即样本点集中于某些区域，抽样点数量越少，"聚焦"现象越明显。因此，采用蒙特卡罗抽样方法时，为保证抽样结果的可靠性需要重复生成大量场景。

2. 拉丁超立方抽样

拉丁超立方抽样（latin hypercube sampling，LHS）是一种高效的蒙特卡罗模拟方法，是由麦凯（Mckay）等于 1979 年提出的，并被许多学者根据不同研究目的加以改进。LHS 属于分层采样，是一种有效、实用的小样本采样技术，可反映随机变量的整体分布，保证所有采样区域都能被采样点覆盖。该采样方法具有样本记忆功能，可避免抽取已经出现的样本，且能够使得分布的尾部参与抽样。它能给出无偏的或偏差很小的参数估计值，其方差较之简单的随机采样也显著减小。

对多个独立输入随机变量的 LHS，由于受到不同输入随机变量采样值相关性的影响，分成采样和排列两个过程。在采样阶段对各个随机变量进行 LHS；在排列阶段改变各个随机变量的采样值的排列顺序，使得相互独立的随机变量采样值的相关性降至最低。以下将基于风电出力的预测曲线，介绍 LHS 在不确定性机组组合中的应用。

1）采样

假设 $X_1, X_2, \cdots, X_K$ 为输入的 K 个独立的风电出力随机变量，X_k 为 $X_1, X_2, \cdots, X_K$ 中任意一个随机变量，其累积概率分布函数为

$$Y_k = F_k(X_k) \tag{6-37}$$

LHS 的基本原理是：对各个独立的随机变量采样时，首先将[0,1]区间划分为 N 个互不重叠的等间距区间间隔，则每一区间的宽度为 $1/N$，N 为采样数。随后在随机一个子区间里随机选择一个 Y_k 的采样值，即

$$U_n = \frac{U}{N} + \frac{n-1}{N} \tag{6-38}$$

式中：n 为 $1, 2, \cdots, N$ 中的一个随机数，表示一个随机的子区间；U 为[0,1]区间上的一个随机数；U_n 为第 n 个子区间上的随机数。

当任意一个子区间参与随机采样后，便不再参与以后的随机采样，对每一个子区间，仅能生成一个随机数 U_n。由式（6-38）可以看出，$(n-1)/N < U_n < n/N$，其中 $(n-1)/N$ 和 n/N 分别为第 n 个区间的上界和下界。

求得各个区间上的随机数 U_n 后，再采用反变换，利用 $Y_k = F_k(X_k)$ 的反函数来计算随机变量 X_k 的采样值，即

$$x_{kn} = F_k^{-1}(U_n), \quad k \in K, n \in \mathbf{N} \tag{6-39}$$

式中：$F_k^{-1}(*)$ 为 $F_k(*)$ 的反变换。

对于服从正态分布的随机变量 $X \sim N(\mu, \sigma^2)$，图 6-1（a）和（b）分别给出了其直接 MCS 和 LHS 得到的频次直方图，纵轴为频次，横轴为数值大小，采样数 $N = 1000$，数学期望为 100，标准方差为 10。可观察到，在相同的采样数下，LHS 的采样性能明显要比直接 MCS 要好。

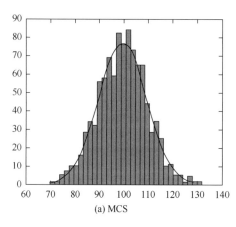

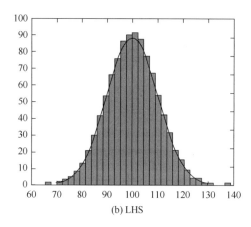

图 6-1　直接 MCS 与 LHS 的比较

输入的随机变量 X_k 的 N 个采样值都采样完成后，排为采样矩阵的一行。当 K 个随机变量都采样结束后，形成一个 $K \times N$ 采样矩阵 $\boldsymbol{X}_s$。

2）排序

LHS 在处理多输入随机变量时，其模拟的精度不仅受到采样值的影响，而且受到不同输入随机变量采样值的相关性影响。随机排列不能使各输入随机变量采样值的相关性降至最低，有必要减少样本之间的相关性。减少样本之间相关性的方法有楚列斯基（Cholesky）分解、格拉姆-施密特（Gram-Schmidt）对列正交化法和斯皮尔曼（Spearman）秩相关分析法等。由于楚列斯基分解实现简单，计算速度快，下面采用楚列斯基分解来降低采样之间的相关性。

采用楚列斯基分解，首先生成一个 $K \times N$ 顺序矩阵 $\boldsymbol{L}$，该矩阵的每一行的元素值代表着采样矩阵 $\boldsymbol{X}_s$ 对应行的元素应该排列的位置。顺序矩阵 $\boldsymbol{L}$ 每一行是由整数 $1, 2, \cdots, N$ 随机排列组成的。若顺序矩阵 $\boldsymbol{L}$ 的各行之间的相关系数矩阵为 $\boldsymbol{\rho}_L$，则 $\boldsymbol{\rho}_L$ 为一正定对称矩阵，采用楚列斯基分解求得一个实数的非奇异下三角矩阵 $\boldsymbol{D}$，有

$$\boldsymbol{\rho}_L = \boldsymbol{D}\boldsymbol{D}^{\mathrm{T}} \tag{6-40}$$

可得到一个 $K \times N$ 矩阵 $\boldsymbol{G}$ 为

$$\boldsymbol{G} = \boldsymbol{D}^{-1}\boldsymbol{L} \tag{6-41}$$

矩阵 $\boldsymbol{G}$ 的相关系数矩阵是一个 $K \times K$ 单位阵，表明矩阵 $\boldsymbol{G}$ 的各行之间不存在相关性。因此，$\boldsymbol{L}$ 的行元素用 $\boldsymbol{G}$ 中元素的大小顺序进行排列，随后采样矩阵 $\boldsymbol{X}_s$ 中的行元素按照更新后的 $\boldsymbol{L}$ 对应行元素的位置进行替换。如此，矩阵 $\boldsymbol{L}$ 行与行之间的相关性便得到了降低。

表 6-1 给出了排列前后的矩阵 $\boldsymbol{L}$ 的转置，表 6-2 给出了对应的相关系数矩阵。由表 6-2 可以直观发现，顺序矩阵 $\boldsymbol{L}$ 通过排列后，相关系数得到了减少，相关性得到了降低。

表 6-1　排列前后的矩阵 $\boldsymbol{L}^{\mathrm{T}}$（$K = 5, N = 10$）

	排列前 L^{T}					排列后 L^{T}				
	1	2	3	4	5	1	2	3	4	5
1	6	8	3	6	6	6	8	3	10	7
2	1	3	7	9	2	1	3	4	9	4
3	4	9	4	4	5	4	9	2	5	5
4	7	6	6	3	4	7	6	7	1	2
5	3	7	9	8	9	3	7	9	6	8
6	9	10	2	2	7	9	10	5	4	6
7	5	5	10	10	10	5	5	10	7	9
8	2	4	8	5	3	2	4	6	2	3
9	10	2	5	7	1	10	2	8	8	1
10	8	1	1	1	8	8	1	1	3	10

表 6-2　排列前后的矩阵 L^T 的相关系数

	排列前相关系数					排列后相关系数				
	1	2	3	4	5	1	2	3	4	5
1	1.000	−0.018	−0.612	−0.491	0.042	1.000	−0.018	−0.018	−0.115	0.042
2	−0.018	1.000	−0.115	−0.152	0.309	−0.018	1.000	−0.030	−0.006	0.091
3	−0.612	−0.115	1.000	0.782	0.067	−0.018	−0.030	1.000	0.042	−0.164
4	−0.491	−0.152	0.782	1.000	−0.006	−0.115	−0.006	0.042	1.000	0.115
5	0.042	0.309	0.067	−0.006	1.000	0.042	0.091	−0.164	0.115	1.000

在具体的计算过程，为了方便，可先排列后采样，即先形成顺序矩阵 L，采样矩阵 X_s 每行的元素可由下式计算得到：

$$x_{ki} = F_k^{-1}\left(\frac{U}{N} + \frac{L_{ki} - 1}{N}\right)$$

（6-42）

最终形成的采样矩阵 X_s 的行代表着某个随机变量的所有采样值，列代表着一次随机模拟中各个随机变量的采样值，即一个场景，从而采样矩阵 X_s 包含着 N 个场景。

6.3.2　场景缩减技术

基于场景规划问题的计算量在很大程度上取决于场景的数目。若场景数目过多，结果精度高，但计算量大，计算时间长；若场景数目过少，又无法保证优化结果能够满足随机变量真实的随机情况，模拟的结果精度低。因此，需要对生成的大量风电随机场景进行缩减，合并相似的场景，保留典型场景。这虽然在一定程度上牺牲了精度，但是大大提高了求解效率，保证了方法的有效性和可行性。在进行场景缩减时，应最大限度地保留场景的典型特征，以保证风电场景的有效性。

场景缩减的基本准则是保证缩减后保留的场景集合与缩减前场景的概率距离之和最小。所谓场景概率的距离，是一种权衡各个场景距离及场景概率大小的方式，它使得缩减前的场景与缩减后的场景所能表达的信息最接近，即使得缩减过程引起的精度损失最低。可以采用坎托罗维奇（Kantorovich）距离 D_k 描述，其具体表达式为

$$D_k = \sum_{i \in j} p_i \min_{j \notin J} c_T(\xi^i, \xi^j)$$

（6-43）

式中：J 为被删除场景集合；p_i 为场景 i 的概率；ξ^i 为对应场景序列 i；T 为场景时间尺度的分段数；$c_T\left(\xi^i, \xi^j\right)$ 为场景序列 ξ^i 与场景序列 ξ^j 的距离，即

$$c_T(\xi^i, \xi^j) = \sum_{t \in T}\left|\xi_t^i - \xi_t^j\right|$$

（6-44）

场景缩减技术根据其缩减策略有前向缩减和后向缩减两种。

1. 前向缩减

假设所有场景都是被删除场景，每次挑选出一个场景作为保留场景，保留的场景个数一般较少，所以前向缩减速度一般较快。但是，前向缩减会丢失每个保留场景的概率信息。

2. 后向缩减

假设所有场景都是保留场景，每次删除一个场景，并将其概率累加到距离其最近的场景上，直至剩余场景数量满足计算要求。

后向缩减方法虽然速度较慢，但保留了每个场景的概率信息，是目前较为常用的场景缩减方法。其具体缩减过程如下。

（1）设置场景集合 J 为空，需删除的场景个数为 K，第 k 次迭代被删除的场景为 l_k。

（2）计算坎托罗维奇距离，使得当 l 取场景 l_k 时式（6-43）取得最小值：

$$D_k = \sum_{i \in J^{k-1} \bigcup \{l\}} p_i \min_{j \notin J^{k-1} \bigcup \{l\}} c_T(\xi^i, \xi^j) \tag{6-45}$$

（3）删除场景 l_k，令 $J^k = J^{k-1} \bigcup \{l_k\}$，并将场景 l_k 的概率累加到距离其最近的场景上。

（4）若 $k < K$，则令 $k = k + 1$，返回步骤（2）；否则迭代结束。

通过上述方法抽样及缩减后，可以得到若干个风电机组出力的典型场景，计算这些场景风电出力的期望值，并将其代入常规机组模型进行求解。从风电出力预测，到场景抽样及缩减，最后转化成确定性机组组合问题求解，这一完整过程便是场景法解决不确定性机组组合问题的主要思路。

然而，上述场景生成方法只适用于单风电场，随着风电并网容量的增加、电网中风电场数量的增多，仅仅考虑单风电场的场景生成技术已经不能满足电网多元化发展的需求。因此，学者们开始研究多风电场的场景生成技术，目前常见的多风电场场景生成方法主要有联合分布法、极限场景法和按序组合法等。由于本书主要研究机组组合问题，多风电场场景生成方法在此不进行详细介绍，有兴趣的读者可自行查阅相关文献。

6.4 基于机会约束的机组组合

处理不确定性机组组合问题的方法并非只有场景法一种，在对不确定性问题的研究中，有学者针对约束条件做文章，利用满足约束条件的概率模拟不确定性因素的波动，从另一个角度提出了一种解决不确定性机组组合问题的方法——机会约束。本节将介绍机会约束的基本原理以及机会约束方法在不确定性机组组合问题中的应用。

6.4.1　机会约束方法的基本原理

不确定性机组组合问题中的随机因素，往往会导致数学规划模型中目标函数和约束条件也存在不确定性。因此，查纳斯（A.Charnes）和库伯（W.W.Cooper）于 1959 年提出了机会约束规划[8, 9]。针对模型中包含随机变量的约束条件，机会约束方法允许所做决策在一定程度上不满足约束条件，但要求该决策满足约束条件的概率不小于预先设定的置信水平。

机会约束规划的主要特点是约束条件中含有随机参数，其一般形式为

$$\begin{aligned} &\min f(\boldsymbol{x}) \\ &\text{s.t. } \Pr\big(g(\boldsymbol{x},\boldsymbol{\omega}) \leqslant 0\big) \geqslant \alpha \end{aligned} \tag{6-46}$$

式中：$\boldsymbol{x}$ 为优化变量的向量；$\boldsymbol{\omega}$ 为随机变量的向量；α 为置信水平；$\Pr(\cdot)$ 为满足某条件的概率。

6.4.2　基于机会约束的机组组合模型

不确定性机组组合问题，主要是在调度周期内合理安排机组启停和出力，满足系统负荷需求，使系统运行费用最少。假设风电全额上网，则式（6-46）中的 $f(\boldsymbol{x})$ 可用式（3-1）表示。针对不确定性机组组合规划的约束条件，需要在 3.2.2 小节约束条件的基础上进行以下改动。

（1）功率平衡等式约束需改写为

$$\sum_{i=1}^{N_{\mathrm{G}}} U_{Git} P_{Git} + \sum_{k=1}^{N_{\mathrm{w}}} P_{Wkt} = P_{\mathrm{load}t} \tag{6-47}$$

它可以通过机会约束方法转换为

$$\Pr\left(\sum_{i=1}^{N_{\mathrm{G}}} U_{Git} P_{Git} + \sum_{k=1}^{N_{\mathrm{w}}} (P_{Wkt} + e_{kt}) \geqslant P_{\mathrm{load}t}\right) \geqslant \alpha_f \tag{6-48}$$

式中：e_{kt} 为第 k 台风电机组在 t 时刻的出力误差；α_f 为功率平衡约束的置信度。

（2）当发生风电爬坡事件/滑坡事件（尤其是爬坡事件）时，若只修正机组出力，则可能会因为火电机组提供的爬坡容量不足导致甩负荷的发生，所以有必要添加风电机组爬坡/滑坡约束，即

$$\begin{cases} \Pr\left(\displaystyle\sum_{i=1}^{T} P_{Gi}^{\mathrm{up}} \geqslant \Delta P_{Lt}^{\mathrm{up}} + \Delta P_t^{\mathrm{down}} + e_t\right) \geqslant \alpha_{\mathrm{W}} \\[3mm] \Pr\left(\displaystyle\sum_{i=1}^{T} P_{Gi}^{\mathrm{down}} \geqslant \Delta P_{Lt}^{\mathrm{down}} + \Delta P_t^{\mathrm{up}} + e_t\right) \geqslant \alpha_{\mathrm{W}} \end{cases} \tag{6-49}$$

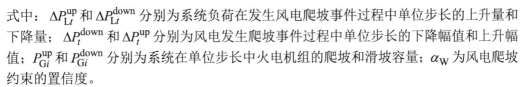

式中：ΔP_{Lt}^{up} 和 ΔP_{Lt}^{down} 分别为系统负荷在发生风电爬坡事件过程中单位步长的上升量和下降量；ΔP_t^{down} 和 ΔP_t^{up} 分别为风电发生爬坡事件过程中单位步长的下降幅值和上升幅值；P_{Gi}^{up} 和 P_{Gi}^{down} 分别为系统在单位步长中火电机组的爬坡和滑坡容量；α_W 为风电爬坡约束的置信度。

　　由上面的约束可以看出，风电出力的不确定性在约束条件中被转换为概率约束的形式，而不涉及不确定性的火电机组约束条件则没有变动。机会约束机组组合模型将不确定性约束转化为概率约束来解决风电出力的不确定性问题。因此，如何处理模型中的概率约束是求解基于机会约束的不确定性机组组合问题的关键。文献[9]提出了一种将概率约束转化为确定性约束的方法，式（6-46）中随机约束函数可以转化为等价函数，即

$$\begin{cases} \Pr(g(\boldsymbol{x},\boldsymbol{\omega}) \leqslant 0) \geqslant \alpha \Rightarrow \Pr(h(\boldsymbol{x}) \leqslant \boldsymbol{\omega}) \geqslant \alpha \\ h(\boldsymbol{x}) \leqslant \sup\{K \,|\, K = \phi^{-1}(1-\alpha)\} \end{cases} \tag{6-50}$$

式中：ϕ 为不确定因素的分布函数；$\sup\{\cdot\}$ 为上确界，即最小上界。

　　因此，式（6-48）和式（6-49）可通过式（6-50）转化为如下确定性表达式：

$$\begin{cases} P_{loadt} - \sum_{i=1}^{N_G} U_{Git} P_{Git} - \sum_{k=1}^{N_w} P_{Wkt} \leqslant \sup\left\{ K \,\middle|\, K = \phi^{-1}(1-\alpha_f) \right\} \\ \sum_{i=1}^{T} P_{Gi}^{up} - \Delta P_{Lt}^{up} - \Delta P_t^{down} \geqslant \sup\left\{ K \,\middle|\, K = \phi^{-1}\alpha_W \right\} \\ \sum_{i=1}^{T} P_{Gi}^{down} - \Delta P_{Lt}^{down} - \Delta P_t^{up} \geqslant \sup\left\{ K \,\middle|\, K = \phi^{-1}\alpha_W \right\} \end{cases} \tag{6-51}$$

　　通过该方法将机会约束模型中的概率约束转化为确定性表达式后即可按照第 4 章中常规机组组合模型进行求解。求解概率约束的方法并非只有这一种，有学者采用智能算法得到了机会约束规划的目标函数最优值和决策变量最优解集。由于智能算法种类繁多，在此不对其进行详细的介绍。

6.5　基于鲁棒优化的机组组合

　　前面介绍了两种解决不确定性机组组合问题的方法——场景法和机会约束方法，它们分别从构建场景和改造约束条件两个角度解决了不确定性问题。而本节将介绍一种有别于以上两种方法的解决不确定性机组组合问题的新思路——鲁棒优化[10,11]。

6.5.1　基于鲁棒优化的机组组合模型

　　针对传统优化方法难以消除不确定性因素对优化模型的影响这一问题，1973 年索伊斯特（Soyster）提出了鲁棒优化方法。该方法在建立模型的开始就要求针对其中的不确定性因素进行分析。其目的是求出一个在不确定因素所有可能发生的情况下，均不违反

模型的约束条件，并且使得模型目标函数值满足最坏情况最优的解。对包含不确定性扰动因素的决策问题来说，鲁棒优化方法给出了一种"劣中选优"的思维方式，即关注最坏情况下模型的最优解。

因此，相较于处理不确定性规划问题广泛采用的随机规划方法，鲁棒优化方法具有如下特点。

（1）决策关注不确定参量的边界情况，决策过程不需要知道随机变量精确的概率分布形式。

（2）一般来讲，鲁棒优化模型可通过转化为其确定等价模型求解，求解规模与随机规划方法相比较小。

（3）由于鲁棒优化决策针对不确定量的最劣实现情况，其解存在一定的保守性。

上述特点使鲁棒优化方法成为一类特殊的不确定规划方法，它具有独特的应用条件及效果。

总而言之，鲁棒优化用一种"集合"的形式对变量的不确定性进行表述，使得不管随机性变量取值于"集合"中的任何值时，待求模型中的所有约束条件都能够得到满足，并基于"集合"最极端情景构建鲁棒优化模型。鲁棒优化的一般模型可以表示为

$$\min_{X}\left\{\max_{(C,M,n)\in U} C^T X : MX \leqslant n , \forall(C,M,n)\in U\right\} \tag{6-52}$$

该模型中，内部嵌套的最大化问题表征了不确定参量对优化的最劣影响，而外部最小化问题则表明了鲁棒优化所求的最优解是最劣情况下的最好解。

因此，结合式（6-52），在解决考虑风电出力不确定性的机组组合问题时，其目标函数可表示为

$$F(U_G,P_G)=\min_{U_G,P_G}\max_{P_W\in[P_W^-,P_W^+]}\left\{\sum_{t=1}^{T}\sum_{i=1}^{N_G}[U_{Git}(1-U_{Gi(t-1)})S_{Git}(\tau_{ti})+U_{Git}\cdot R_{Git}(P_{Git})]\right\} \tag{6-53}$$

式中：P_W 为风电有功出力；P_W^- 为风电有功出力下限；P_W^+ 为风电有功出力上限。

式（6-53）的 min-max 模型中，内层的最大化（max）问题表示不确定风电出力对 SCUC 决策可能造成的最恶劣影响，外层最小化（min）问题则表示通过 SCUC 决策使系统在最恶劣情况下的总成本最小。其约束条件可参照前文，在此不再进行详细的描述。

6.5.2　鲁棒机组组合模型求解

上述鲁棒机组组合模型为混合整数非线性非凸规划问题，如何快速而精确地求解这类模型一直是鲁棒机组组合研究的热点和难点。目前，常用的一种求解思路是，先通过对偶变换将鲁棒模型中的 min-max 模型转化到同一个优化方向，即 min-min 或 max-max 模型，然后进行求解。本小节将以对偶理论为切入点，详细介绍鲁棒机组组合模型的求解方法。

1. 线性规划的对偶理论

1）对偶形式

考虑如下形式的线性规划问题：

$$\min \boldsymbol{c}^{\mathrm{T}}\boldsymbol{x}$$
$$\text{s.t. } \boldsymbol{x} \in S = \left\{ \boldsymbol{x} \in \mathbf{R}^n \middle| \boldsymbol{A}\boldsymbol{x} \geqslant \boldsymbol{b}, \boldsymbol{x} \geqslant \boldsymbol{0} \right\} \tag{6-54}$$

其最优性条件由文献[12]中定理 3.8 可知，对于线性规划问题（6-54）来说，$\boldsymbol{x}^* \in \mathbf{R}^n$ 是其最优解，当且仅当存在向量 $\boldsymbol{w} \in \mathbf{R}^n$，$\boldsymbol{r} \in \mathbf{R}^n$ 使得

$$\boldsymbol{A}\boldsymbol{x} \geqslant \boldsymbol{b}, \qquad \boldsymbol{x}^* \geqslant \boldsymbol{0} \tag{6-55}$$

$$\boldsymbol{c} - \boldsymbol{A}^{\mathrm{T}}\boldsymbol{x} - \boldsymbol{r} = \boldsymbol{0}, \quad \boldsymbol{w} \geqslant \boldsymbol{0}, \quad \boldsymbol{r} \geqslant \boldsymbol{0} \tag{6-56}$$

$$\boldsymbol{w}^{\mathrm{T}}(\boldsymbol{A}\boldsymbol{x}^* - \boldsymbol{b}) = \boldsymbol{0}, \qquad \boldsymbol{r}^{\mathrm{T}}\boldsymbol{x}^* = \boldsymbol{0} \tag{6-57}$$

在线性规划问题的最优条件中，条件（6-56）和条件（6-57）分别等价于下面的不等式组和方程组：

$$\boldsymbol{A}^{\mathrm{T}}\boldsymbol{w} \leqslant \boldsymbol{c}, \qquad \boldsymbol{w} \geqslant \boldsymbol{0} \tag{6-58}$$

$$\boldsymbol{b}^{\mathrm{T}}\boldsymbol{w} - (\boldsymbol{w}^{\mathrm{T}}\boldsymbol{A})\,\boldsymbol{x}^* = \boldsymbol{0}, \qquad \boldsymbol{c}^{\mathrm{T}}\boldsymbol{x}^* - \boldsymbol{w}^{\mathrm{T}}(\boldsymbol{A}\boldsymbol{x}^*) = \boldsymbol{0} \tag{6-59}$$

于是，可以考虑如下形式的线性规划问题：

$$\max \boldsymbol{b}^{\mathrm{T}}\boldsymbol{w}$$
$$\text{s.t.} \begin{cases} \boldsymbol{A}^{\mathrm{T}}\boldsymbol{w} \leqslant \boldsymbol{c} \\ \boldsymbol{w} \geqslant \boldsymbol{0} \end{cases} \tag{6-60}$$

容易看出，线性规划问题（6-54）和问题（6-60）总是成对存在的，正如择一定理[13] 中考虑的两个线性系统存在着内在关联性一样，两种形式的 LP 问题也具有内在的联系。任给出其中一个形式的 LP 问题，按照一定的准则就可以构建出另一个形式的线性规划问题，并且它们的最优解与最优值之间存在一定的关系。线性规划的对偶理论就是对 LP 问题（6-54）与线性规划问题（6-60）之间存在的内在关联性的描述。如果把线性规划问题（6-54）称为原问题，那么另一个问题（6-60）就称为对偶问题。

2）对偶变换

原问题的目标函数、常数项、非变量约束和变量符号分别与其对偶问题的常数项、目标函数、变量符号和非变量约束之间存在一种对应关系。二者的变换过程如下：

$$\min \boldsymbol{c}^{\mathrm{T}}\boldsymbol{x}$$
$$\text{s.t.} \begin{cases} \boldsymbol{A}_1\boldsymbol{x} \geqslant \boldsymbol{b}_1 \\ \boldsymbol{A}_2\boldsymbol{x} = \boldsymbol{b}_2 \\ \boldsymbol{A}_3\boldsymbol{x} \leqslant \boldsymbol{b}_3 \\ \boldsymbol{x} \geqslant \boldsymbol{0} \end{cases} \longleftrightarrow \begin{array}{l} \min \boldsymbol{b}_1^{\mathrm{T}}\boldsymbol{w}_1 + \boldsymbol{b}_2^{\mathrm{T}}\boldsymbol{w}_2 + \boldsymbol{b}_3^{\mathrm{T}}\boldsymbol{w}_3 \\ \text{s.t.} \begin{cases} \boldsymbol{A}_1^{\mathrm{T}}\boldsymbol{w}_1 + \boldsymbol{A}_2^{\mathrm{T}}\boldsymbol{w}_2 + \boldsymbol{A}_3^{\mathrm{T}}\boldsymbol{w}_3 \leqslant \boldsymbol{c} \\ \boldsymbol{w}_1 \geqslant \boldsymbol{0}, \boldsymbol{w}_2\text{任意}, \boldsymbol{w}_3 \leqslant \boldsymbol{0} \end{cases} \end{array}$$

式中：$\boldsymbol{A}_i \in \mathbf{R}^{m_i \times n}$；$\boldsymbol{b}_i, \boldsymbol{w}_i \in \mathbf{R}^{m_i}$，$i = 1, 2, 3$；$\boldsymbol{c}, \boldsymbol{x} \in \mathbf{R}^n$。记 $m = m_1 + m_2 + m_3$，则对应关

系"←——→"的具体含义如下：

原目标函数 min ←——→ 对偶目标函数 max

m 个原始非标量约束 ←——→ m 个对偶标量

n 个原始变量 ←——→ n 个对偶非变量约束

原始非变量约束取 "=" ←——→ 对偶变量取任意值

原始非变量约束取 "≥" ←——→ 对偶变量是非负的

原始非变量约束取 "≤" ←——→ 对偶变量是非正的

原始变量是非负的 ←——→ 对偶变量约束取 "≤"

原始变量是非正的 ←——→ 对偶变量约束取 "≥"

原始变量取任意值 ←——→ 对偶变量约束取 "="

3）对偶定理

弱对偶定理：假设线性规划原问题（PLP）的可行域为 S，其对偶问题（DLP）的可行域为 T。若 $S \neq \varnothing$，$T \neq \varnothing$，则 $\forall x \in S$，$w \in T$ 有 $c^{\mathrm{T}} x \geqslant b^{\mathrm{T}} w$。

强对偶定理：若一对对偶问题的原问题及其对偶问题都有可行解，则它们都有最优解，且目标函数的最优值相等。

2. 非线性约束优化问题的对偶理论

1）对偶形式

假设包括等式约束和不等式约束的某优化模型为

$$\min f(\boldsymbol{x})$$

$$\mathrm{s.t} \begin{cases} g_i(\boldsymbol{x}) \geqslant 0, i \in I \\ h_j(\boldsymbol{x}) = 0, j \in E \\ \boldsymbol{x} \in D \subseteq \mathbf{R}^n \end{cases} \tag{6-61}$$

式中：I 和 E 分别为不等式和等式约束的指标集；D 为问题的集合约束，可以由一定的约束等式或不等式来定义。通常我们把问题（6-61）称为非线性规划的原始形式，其对偶形式定义为

$$\max \theta(\boldsymbol{\lambda}, \boldsymbol{\mu}) \tag{6-62}$$

$$\mathrm{s.t.} \ \boldsymbol{\lambda} \geqslant \boldsymbol{0} \tag{6-63}$$

式中：目标函数 $\theta(\boldsymbol{\lambda}, \boldsymbol{\mu})$ 定义为

$$\theta(\boldsymbol{\lambda}, \boldsymbol{\mu}) = \inf\left\{ f(\boldsymbol{x}) - g(\boldsymbol{x})^{\mathrm{T}} \boldsymbol{\lambda} - h(\boldsymbol{x})^{\mathrm{T}} \boldsymbol{\mu} \big| \boldsymbol{x} \in D \right\} \tag{6-64}$$

我们将它称为原问题的拉格朗日对偶函数。此外，原问题及其对偶问题的可行域分别记为 S 和 $\varDelta$，相应的拉格朗日函数为

$$L(\boldsymbol{x}, \boldsymbol{\lambda}, \boldsymbol{\mu}) \underline{\underline{\varDelta}} f(\boldsymbol{x}) - g(\boldsymbol{x})^{\mathrm{T}} \boldsymbol{\lambda} - h(\boldsymbol{x})^{\mathrm{T}} \boldsymbol{\mu}, \quad \boldsymbol{x} \in D, \boldsymbol{\lambda} \in \mathbf{R}_+^i, \boldsymbol{\mu} \in \mathbf{R}^E$$

2）对偶定理

弱对偶定理：设 $\boldsymbol{x} \in S$ 和 $(\boldsymbol{\lambda}, \boldsymbol{\mu}) \in \varDelta$ 分别为原问题及其对偶问题的可行解，则

$$f(x) \geqslant \theta(\mu, \lambda)$$

最优判别定理：x^* 为原优化问题的可行解，(μ^*, λ^*) 为其对偶问题的可行解，且 $f(x^*) = \theta(\mu^*, \lambda^*)$，则 $x^*, (\mu^*, \lambda^*)$ 分别为原问题及其对偶问题的最优解。

强对偶定理：若一对对偶问题的原问题及其对偶问题都有可行解，则它们都有最优解，且目标函数的最优值相等。

3. 模型的求解

由于火电机组的运行成本为二次函数，不利于模型的求解，实际操作中，常需要对其进行线性化处理。线性化处理方法参考文献[14]，线性化后的形式为

$$R_{Git}(P_{Git}) = \varphi_{i,t} \geqslant c_i^n u_{i,t} + \beta_i^n p_{i,t}, \quad \forall n = 1, 2, \cdots, M \tag{6-65}$$

式中：β_i^n 和 c_i^n 分别为第 n 段截距和斜率；$\varphi_{i,t}$ 为辅助变量；M 为分的段数。

经过对目标函数中的火电机组运行成本二次函数的线性化处理后，考虑风电并网的传统鲁棒机组组合模型的一般模型最终可以表示为

$$\min\{c^T x + Q(x)\} \tag{6-66}$$

式中

$$Q(x) = \max_{w \in W} \{\min_y b^T y\} \tag{6-67}$$

$$W = \{w : Hw \leqslant h\} \tag{6-68}$$

$$By \leqslant g - Ax - Cw \tag{6-69}$$

式中：x 为表征所有决策时段内机组启停状态的 $\{0,1\}$ 决策变量；c^T 为与机组启停决策相关的成本系数向量；目标函数下的约束条件 $Fx \leqslant f$ 为最小机组开关机时间约束的一般表达式；y 为功率分配决策变量；b 为与功率分配相关的成本系数向量；式（6-67）为风电出力不确定性集合；式（6-68）为模型中除风电出力不确定性约束、机组的最小开关机时间约束外的其他约束的一般数学形式；A, B 和 C 分别为该类约束中决策变量 x, y 和 w 对应的系数矩阵；g 为该类约束限值向量。

根据对偶理论原理可将公式

$$Q(x) = \max_{w \in W} \{\min_y b^T y\} \tag{6-70}$$

$$By \leqslant g - Ax - Cw \tag{6-71}$$

转换为其对偶形式，即

$$Q(x) = \max_{w \in W} \{\max_\lambda (g - Ax - Cw)^T \lambda\} \tag{6-72}$$

$$B^T \lambda \leqslant b, \quad \lambda \leqslant 0 \tag{6-73}$$

式中：λ 为对偶变量；式（6-72）为对偶化后的约束条件。通过用 $Q(x)$ 的对偶来代替其本身，可以把原问题中的子问题 $Q(x)$ 化为

$$Q(x) = \max_{w \in W} \{\max_\lambda (g - Ax - Cw)^T \lambda\} \tag{6-74}$$

该问题等价于

$$Q(\pmb{x}) = \max\left\{(\pmb{g} - \pmb{Ax} - \pmb{Cw})^{\mathrm{T}}\right\}$$

$$\text{s.t.}\begin{cases} \pmb{B}^{\mathrm{T}}\pmb{\lambda} \leqslant \pmb{b} \\ \pmb{Hw} \leqslant \pmb{h} \\ \pmb{\lambda} \leqslant \pmb{0} \end{cases} \tag{6-75}$$

经过对偶变换后，可将第二阶段的 min-max 模型转化为 max 模型，原模型最终也转化为 min-max 模型，可以采用 Benders 分解法对其求解。

6.6 典 型 算 例

6.6.1 非参数估计方法建模算例

本算例以湖北某风电场实测数据为基础，仿真实验在 MATLAB 环境下编程实现。经计算，序优化算法的参数如下：当 $q = \eta = 0.95$，$M = 1\,000$，$g = 50$，$b = 1$ 时，$p = 30$。选取湖北某风电场 2009 年 3 月 17 日～4 月 19 日的 4 773 个实测有功出力数据进行分析，该数据的采样周期为 10 min，风电场由 16 台 850 kW 的风力发电机组组成。

1. 基于 NACEMD 的风电功率波动量提取

利用 NACEMD 对图 6-2 的风电功率进行分解，得到 7 个 IMF 分量和 1 个余量，具体波形如图 6-3 所示。

由图 6-3 可知，IMF1、IMF4、IMF6 和 IMF7 分量均具有高频率、波动性大且周期性不明确的特点。其中，分量 IMF2、IMF3 和 IMF5 频率较低，且具有周期性；余量 $r(t)$ 为一条较平稳的曲线。为准确提取风电功率波动分量的同时有效剔除其中的持续性分量，这里选择原始采样信号与余量的对应差值作为最终提取的风电功率波动量。其波形如图 6-4 所示。

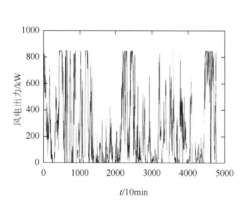

图 6-2 风电功率采样序列

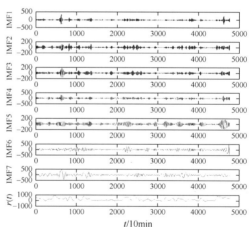

图 6-3 风电功率波动量 NACEMD

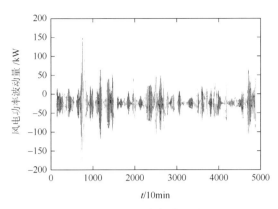

图 6-4　风电功率波动量

2. 滑动平均法与 NACEMD 的比较

为验证 NACEMD 分解方法的有效性，采用滑动平均法对波动量进行提取，并对两种结果进行傅里叶（Fourier）变换，分析其频谱情况，滑动平均的窗口值选为 12，结果如图 6-5 和图 6-6 所示。

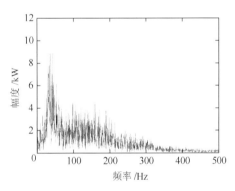

图 6-5　NACEMD 得到的幅频特性图　　　6-6　滑动平均法得到的幅频特性图

由图 6-5 和图 6-6 可知，利用 NACEMD 分解后，风电功率低频部分（0～50 Hz）的幅值较小，在 50 kW 以下，其他部分的频谱分布与滑动平均法类似。可见，NACEMD 分解法可以在准确提取风电功率波动分量的同时有效减少其中的持续性分量，而滑动平均法提取的风电功率波动量中则可能存在较多的持续分量残余，从而影响风电功率波动性分析的效果。

3. 非参数核密度估计法改进前后的结果对比

为验证本章提出的风电功率波动性概率密度非参数核密度估计方法的改进策略的有效性，分别利用本章所提出的建模方法和传统非参数核密度估计方法，针对本章所提取的风电功率波动量，建立其风电功率波动分量的概率密度模型，其概率密度曲线如图 6-7 所示。

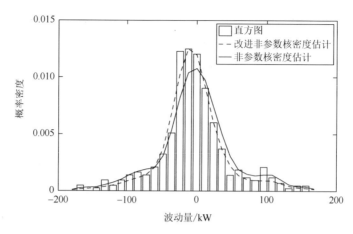

图 6-7　非参数核密度估计改进前后比较图

改进前后的评价指标结果如表 6-3 所示。

表 6-3　改进前后的评价指标

分布模型	带宽	MAE	RMSE	r
传统非参数核密度估计	14	4.909×10^{-5}	2.940×10^{-4}	0.8664
本章模型	(23,14,10)	2.943×10^{-5}	1.703×10^{-4}	0.9869

　　由图 6-8 和表 6-3 可知,就建模精度而言,本章方法优于传统非参数核密度估计方法,其平均绝对值误差较传统模型减少了 66.8%,均方根误差较传统模型减少了 72.6%,相关系数提高了 13.9%。其原因是传统非参数核密度估计方法以整个样本总体误差总和最小为目标求取固定带宽,而本章方法在关注误差总和的同时,还在误差较大的局部区间进行了带宽修正,以随区间变化的自适应带宽代替传统固定带宽,虽然有可能会降低某些个别区间的精度(如图 6-8 所示,风电功率波动量概率密度曲线中,传统非参数核密度估计在两边的精度高于改进非参数核密度估计),但是由于误差最大的样本区间的精度得到了更大幅度的提高,本章方法增加了整体的建模精度(如表 6-3 所示,改进非参数核密度估计的相关系数远远优于传统非参数核密度估计的相关系数,且几乎接近于 1)。由此可见,对存在局部适应性问题的样本区间的带宽进行自适应调整,可以有效提升多变量非参数核密度估计方法的总体建模精度。

4. 自适应非参数核密度估计法与基于混合分布函数的参数估计法的精确性对比

　　为验证本章提出方法的精确性,分别利用本章所提出的建模方法与基于混合 t-location-scale 分布、混合 logistic 分布和混合高斯分布的参数估计法,针对本章所提取的风电功率波动量,建立风电功率波动性的概率密度模型,其概率密度曲线如图 6-8 所示。

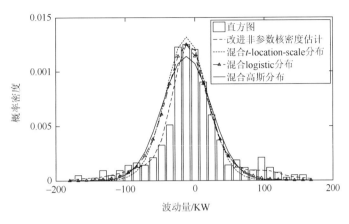

图 6-8　精确性比较

评价指标的精确性对比如表 6-4 所示。

表 6-4　评价指标的精确性对比

分布模型	MAE	RMSE	r
混合高斯分布	7.725×10^{-5}	3.788×10^{-4}	0.9683
混合 t-location-scale 分布	7.524×10^{-5}	3.708×10^{-4}	0.9839
混合 logistic 分布	5.884×10^{-5}	3.162×10^{-4}	0.9440
本章模型	2.943×10^{-5}	1.703×10^{-4}	0.9869

由图 6-8 和表 6-4 可知，风电场功率波动量的四种概率分布中，本章模型的拟合效果最好，其三项指标均为最优。混合高斯分布和混合 logistic 分布的相关系数分别仅为 0.9683 和 0.9440，由此可见，如果先验分布选择出错，参数估计法很难取得较好的建模精度。虽然混合 t-location-scale 分布的相关系数与本章模型较为接近，但是其平均绝对值误差较本章模型增加了 60.9%，均方根误差增加了 54.1%。可见，改进非参数核密度估计方法与混合参数估计法相比具有更高的建模精度。其原因是，由样本数据驱动直接对概率分布进行建模，不需要预先选择样本的分布函数形式，建模精度仅与带宽选择有关，不依赖于分布函数的选择结果。

5. 自适应非参数核密度估计法与基于混合分布函数的参数估计法的适用性对比

为验证本章方法的适用性，分别利用本章方法与基于混合 t-location-scale 分布、混合 logistic 分布和混合高斯分布的参数估计法对该风电场的另一个风机进行概率密度建模，其概率密度曲线如图 6-9 所示。

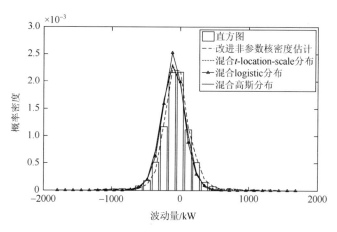

图 6-9　适用性比较

评价指标的适用性对比如表 6-5 所示。

表 6-5　评价指标的适用性对比

分布模型	MAE	RMSE	r
混合高斯分布	8.486×10^{-5}	4.271×10^{-4}	0.9534
混合 t-location-scale 分布	8.443×10^{-5}	4.202×10^{-4}	0.9687
混合 logistic 分布	8.167×10^{-5}	4.248×10^{-4}	0.9295
本章模型	6.138×10^{-5}	3.393×10^{-4}	0.9954

由图 6-9 和表 6-5 可知，风电功率波动量的四种概率分布中，本章模型的拟合效果仍然最好，其相关系数为 0.9954。而混合高斯分布、混合 t-location-scale 分布和混合 logistic 分布的建模精度降低了很多，其相关系数依次仅为 0.9534、0.9687 和 0.9295。可见，改进非参数核密度估计方法与混合参数估计法相比具有更高的适用性。其原因是，后者需要对概率分布的形式进行预先验证确定，而不同的风电场的概率分布可能服从不同的分布形式，如果利用相同的分布函数来对不同风电场的概率分布进行参数估计建模，有可能出现较大的误差。

6.6.2　基于机会约束方法的仿真算例

以修改的 IEEE-118 节点电力系统为例，对模型进行仿真验证。该系统包含 54 台火电机组，3 个风力发电场，91 个负荷点，其中风电场分别位于节点 14，54 和 95 上，其额定功率分别为 100 MW，200 MW 和 250 MW，有功出力曲线如图 6-10 所示。系统中常规机组正旋转备用需求为系统最大负荷的 8%，负旋转备用需求为系统最小负荷的

2%，旋转备用风险指标为 0.01。电网的网络结构、发电机及负荷等参数见文献[13]。

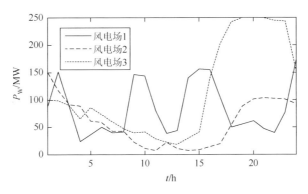

图 6-10　风电场出力曲线图

利用机会约束方法求取的系统及各风电场所需的旋转备用结果如表 6-6 所示。

表 6-6　各风电场的旋转备用　　　　　　　　　　　　　　　　（单位：MW）

备用	风电场 1	风电场 2	风电场 3	系统所需旋转备用	总备用需求
正旋转备用	10	19	24	480	533
负旋转备用	10	19	24	44	97

本章参考文献

[1] 杨楠，崔家展，周峥，等. 基于模糊序优化的风功率概率模型非参数核密度估计方法[J]. 电网技术，2016，40（2）：335-340.

[2] LOUIE H. Evaluation of bivariate Archimedean and elliptical copulas to model wind power dependency structures[J]. Wind Energy，2014，17（2）：225-240.

[3] 林卫星，文劲宇，艾小猛，等. 风电功率波动特性的概率分布研究[J]. 中国电机工程学报，2012，32（1）：38-46.

[4] PAN X，LIU Z，LIU W X，et al. Wind farm polymerization influences on security and economic operation in power system based on Copula function[J]. Journal of Modern Power Systems and Clean Energy，2015，3（3）：381-392.

[5] 杨楠，黄禹，叶迪，等. 基于自适应多变量非参数核密度估计的多风电场出力相关性建模[J]. 中国电机工程学报，2018，38（13）：3805-3812，4021.

[6] 闫圆圆. 基于向量序优化理论的大规模多目标机组组合问题研究[D]. 广州：华南理工大学，2015.

[7] 朱传林. 考虑风电不规则概率分布的机组组合问题研究[D]. 南京：东南大学，2016.

[8] 张步涵，邵剑，吴小珊，等. 基于场景树和机会约束规划的含风电场电力系统机组组合[J].电力系统保护与控制，2013，41（1）：127-135.

[9] 马燕峰，陈磊，李鑫，等. 基于机会约束混合整数规划的风火协调滚动调度[J].电力系统自动化，2018，42（5）：127-132，175.

[10] 秦跃杰. 考虑风电出力置信区间优化的鲁棒机组组合研究[D]. 长沙：湖南大学，2017.

[11] 蒋宇，陈星莺，余昆，等. 考虑风电功率预测不确定性的日前发电计划鲁棒优化方法[J]. 电力系统自动化，2018，42（19）：57-63，183.

[12]　孙小玲，李端. 整数规划[M]. 北京：科学出版社，2010.

[13]　CHEN Z，WU L，MOHAMMAD S. Effective load carrying capability evaluation of renewable energy via stochastic long-term hourly based SCUC[J]. IEEE Transactions on Sustainable Energy，2015，6（1）：188-197.

[14]　JIANG R W，WANG J H，GUAN Y P. Robust unit commitment with wind power and pumped storage hydro[J]. IEEE Transactions on Power Systems，2012，27（2）：800-810.

第 **7** 章

考虑多元化约束条件和决策变量的
机组组合问题

7.1　引　　言

目前，在对多目标和不确定性机组组合问题的持续深入研究的基础上，有学者通过引入更多的决策变量，更复杂、更精确的约束条件来完善机组组合模型，使模型最大限度地贴合电力系统的实际情况，从而满足电力系统运行日益增长的精细化要求。决策变量方面，智能电网技术的快速发展赋予了需求侧响应（demand response，DR）新的内涵[1]，它作为体现智能电网源荷互动特性的重要手段日益引起学术界的高度关注，同时极大地加强了 DR 的互动特性，为负荷侧资源更加灵活、深层次地参与到机组组合中提供了坚实的物质基础。约束条件方面，在风电大规模接入及电力市场化改革的背景下，为了进一步提高电网安全运行水平和电力市场决策精度，有学者在研究机组组合模型时开始考虑交流潮流安全约束[2]。

本章将从考虑源荷互动的含风电 SCUC 问题和考虑交流潮流安全约束的含风电 SCUC 问题入手，对复杂机组组合问题建模及求解进行详细分析。

7.2　考虑源荷互动的含风电 SCUC 问题

现有风电机组组合决策基本都是遵循"重发电，轻用电"的传统决策思路，未能充分挖掘需求侧的调峰潜力，势必降低风电的决策空间并增加系统的运行成本。因此，需将风电大规模开发、输送和消纳纳入电力发展统一规划，灵活优化配置一定规模的可调节备用电源，提升风电大规模并网之后系统运行的经济性和可靠性。

目前，负荷侧控制的方式较多，且较为经济、灵活，在风水火耦合电力系统中，通过负荷侧控制以适应大规模风电的出力波动性，可适当减少电网的备用容量，又不至造成重大经济损失。因此，一个可行的思路是，将需求侧可控负荷作为一种调峰资源，纳入含风电电力系统的 SCUC 问题之中，构建考虑源荷互动的含风电 SCUC 模型。

7.2.1　负荷侧控制机理及响应模型

1. 负荷侧控制类型及其特性分析

1）负荷适应性及其分类

（1）负荷适应性。

电力用户参与电力系统需求侧管理的意愿及程度与用户在断电或降低部分负荷需求时的用电舒适程度密切相关，为此，需定义负荷适应性的概念[3]，来评估用户参与需求侧管理的可能性。负荷适应性需要考虑的因素有以下几种。

① 负荷提供的最终服务类型，指电力终端设备的能量使用形式。例如，电动机最终会将电能转换为动能，而电炉则会将电能最终转换为热能。电能的最终用途与用户断电或降低部分负荷需求时的用电舒适程度密切相关。

② 储能能力，指存储电能的能力。储能能力将在一定程度上为电能在时间上实现转移消费提供条件。

③ 负荷调度设备。其有效性与调度部门对用户负荷的控制和感知能力密切相关，高效智能的负荷调度设备可以为调度部门以最经济的方式制定和执行负荷控制策略提供保证。

④ 负荷需求的调整成本。该成本与用户的电能消费行为密切相关，是用户参与需求侧管理后所引起的各种损失的综合度量。

由上述分析可知，①～③为影响用户参与需求侧管理程度及可能性的技术性指标，而④为影响其可能性的经济性指标。

（2）负荷响应方式。

电力系统的用户复杂多样，分类方式亦多种多样。用户按主体分包括工业用户、城市居民用户、商业用户、农业用户及其他用户等。

上述电力用户一旦参与电力系统的需求侧管理，按照其对系统负荷曲线的影响，可以分为移峰和削峰两种负荷类型，其示意图如图 7-1 所示。移峰负荷是指电力用户将原本在系统负荷高峰时段消费的电能转移至负荷低谷时段进行消费，该方法仅改变用户用电时间，往往并不影响其用电总量，因此得到较为广泛的应用；削峰负荷是指在负荷高峰时段限制电力用户用电需求，该方法会造成一定程度的用电损失。

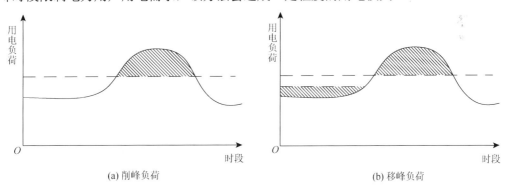

图 7-1　负荷类型

2）负荷侧控制方式

电力市场体制下的需求侧互动负荷按照不同的控制方式可以分为基于价格的间接负荷控制和基于激励的直接负荷控制两类。前者主要依赖电力运营商的电价策略对用户用电进行引导；而后者则是运营商在签订合同的情况下对需求侧进行更为直接的干预[4]。按照价格更新周期的不同，基于价格的间接负荷控制方法可分为分时电价、实时电价和尖峰电价。其中，分时电价更新周期最长，实时电价更新周期最短，尖峰电价更新周期介于两者之间。基于激励的直接负荷控制方法主要包括直接负荷控制、紧急需求响应、可中断负荷/需求侧竞价和容量辅助服务等。其中，直接负荷控制多针对移峰负荷，可中断负荷控制多针对削峰负荷。

上述负荷侧控制手段在电力系统运行中的应用及主要特点如图 7-2 所示。

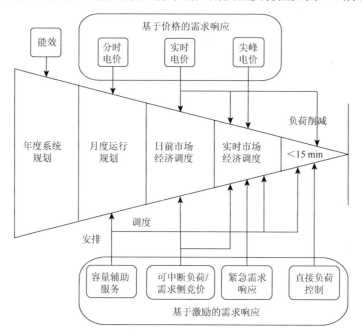

图 7-2　负荷侧控制方式特点图

3）负荷侧控制的成本、效益及决策流程

分析研究负荷侧控制的成本和效益，是电力系统制定其需求侧管理措施的前提，也是保证电力用户做出合理最优决策的关键。

（1）负荷侧控制的成本分析。

负荷侧控制的成本主要包括参与成本和系统成本[5]。其中，参与成本主要集中在电力用户侧，即参与用户因调整其电力需求和消费而产生的成本；系统成本主要集中在供电侧，即电力运营商为负荷侧控制提供技术支持而产生的相应成本。负荷侧控制成本的详细分类和说明如表 7-1 所示。

表 7-1　负荷侧控制成本

成本分类			说　　明
参与成本	初始成本	参与 DR 的相关设备投资	如分时电价计量、通信和负荷控制装置
		制定考虑成本和效益的响应策略	DR 实施机构可以给予用户技术支持
	响应成本	用电舒适度成本	用户参与 DR 项目并调整其电力使用时，将承担相应的机会成本
		商业损失及重新安排生产计划的成本	
		用户自备发电机的燃料和维护成本	有些用户通过开启自备发电机来实现负荷响应

续表

成本分类			说　明
系统成本	初始成本	计量/通信系统升级版本	影响中小型用户参与基于电价的 DR 的重要因素
		用电管理软件和计费系统升级版本	计费系统升级主要针对 RTP 和 CPP 项目
		用户培训费用	引导用户理性参与 DR
	运行成本	DR 项目的管理、宣传和评估费用	用于 DR 实施机构合理运作 DR 项目
		支付用户激励费用	针对基于激励的 DR 项目
		计量/通信系统运行费用	主要为用户与 DR 实施机构的通信成本

（2）负荷侧控制的效益分析。

负荷侧控制产生的效益主要包括直接效益、间接效益及其他效益三种。其中，直接效益多集中在参加了负荷侧控制的电力用户侧；而间接效益及其他效益则属于全体电力用户且难以用货币量化。负荷侧控制的详细效益分类如表 7-2 所示。

表 7-2　负荷侧控制效益

效益分类		说　明
直接效益	经济效益	通过调整电价方式，获得电费节省和激励费用的补偿
	潜在的可靠性效益	降低了用户的停电风险，也有助于提高系统整体可靠性
间接效益	短期市场效益	提高电力系统资源的利用效率，以低廉的成本削减系统边际成本和现货市场电价，降低系统价格尖峰出现的概率和频率
	长期市场效益	将 DR 作为替代资源来进行综合规划，推迟发电、输电和配电等基础设施的升级投资
	可靠性效益	降低由于系统容量短缺而造成停电事故的概率和严重程度，通过多元化的 DR 资源来保证系统可靠性
其他效益	更稳定的零售市场	促进竞争零售市场中的零售供电商进行相应的改革，利用 DR 创造盈利机会
	用户更多的选择	即使在零售侧尚未开放竞争的情况下，用户也可以拥有多元化的选择来管理其用电成本
	市场运行效益	显著提高需求侧弹性，减少发电商通过持留发电容量来实施市场力的可能性
	环境效益	削减系统峰荷的同时也节省发电侧的电力供应，减少电厂的污染物排放量
	能源独立性/安全性	通过调用本地的 DR 资源，降低对外部电力供应的依赖性

（3）负荷侧控制的实现过程。

负荷侧控制需既能保证电力用户的积极性，又有利于整个电力系统的安全、经济运行。其核心步骤在于负荷侧控制合同的签订及用户侧响应，负荷侧控制决策的每一步均需进行经济性分析，其详细流程如图 7-3 所示。

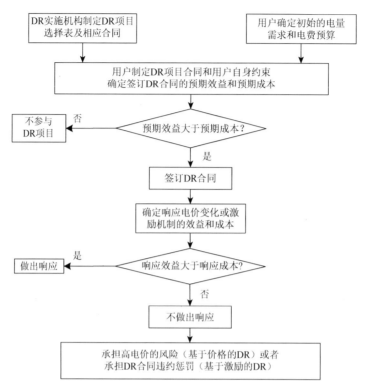

图 7-3　负荷侧控制流程

2. 负荷侧响应模型

1）可控负荷的电价响应模型

研究表明，随着电价的增加，电力用户的用电需求会随之降低。典型的需求曲线如图 7-4 所示。

若将用户弹性曲线线性化，可定义电力弹性系数为

$$\alpha = \frac{\Delta P_L / P_L}{\Delta \beta / \beta} \qquad (7\text{-}1)$$

式中：P_L 和 β 分别为负荷容量和电价；α 为用电需求的价格弹性系数；ΔP_L 和 $\Delta \beta$ 分别为负荷容量和电价的变化量。

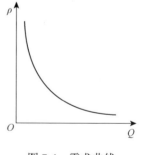

图 7-4　需求曲线

用户的分时电价响应模式主要包括单时段响应和多时段响应两种。单时段响应，即在某一时间段内，用户的负荷需求仅与该时段的电价相关，与其余时段电价无关，单时段响应的出现情形多为用户用电需求较少且不是必须用电的时候；多时段响应，即某时段用户用电需求不仅与该时段的电价相关，还与其余时段的电价相关，该现象出现的主要原因是，用户并非简单削减其用电需求，而是将其转移至其他时段。

为描述多时段电价响应，可使用自弹性系数和交叉弹性系数，其表达式为

$$\alpha_{ii} = \frac{\Delta P_{\mathrm{L}i} / P_{\mathrm{L}i}}{\Delta \beta_i / \beta_i} \tag{7-2}$$

$$\alpha_{ij} = \frac{\Delta P_{\mathrm{L}i} / P_{\mathrm{L}i}}{\Delta \beta_j / \beta_j} \tag{7-3}$$

综上所述，对于第 n 时段内的用户电价响应，可构建其弹性系数矩阵为

$$\boldsymbol{A} = \begin{bmatrix} \alpha_{11} & \alpha_{12} & \cdots & \alpha_{1n} \\ \alpha_{21} & \alpha_{22} & \cdots & \alpha_{2n} \\ \vdots & \vdots & & \vdots \\ \alpha_{n1} & \alpha_{n2} & \cdots & \alpha_{nn} \end{bmatrix} \tag{7-4}$$

研究表明，负荷电量与电价的数学关系为

$$P_{\mathrm{L}i}^1 = P_{\mathrm{L}i}^0 + P_{\mathrm{L}i}^0 \sum_{j=1}^{n} \alpha_{ij} \frac{\beta_j^1 - \beta_j^0}{\beta_j^0} \tag{7-5}$$

式中：$P_{\mathrm{L}i}^0$ 和 $P_{\mathrm{L}i}^1$ 分别为系统实施分时电价前后第 i 时段的用电量；β_j^0 和 β_j^1 分别为系统实施分时电价前后第 i 时段的电价。

由式（7-5）可知，系统实施分时电价之后用户的负荷表达式为

$$\boldsymbol{P}_{\mathrm{L}}^1 = \boldsymbol{P}_{\mathrm{L}}^0 + \mathrm{diag}(\boldsymbol{P}_{\mathrm{L}}^0)\boldsymbol{A}\boldsymbol{\beta} \tag{7-6}$$

式中：$\boldsymbol{P}_{\mathrm{L}}^1 = [P_{\mathrm{L}1}^1, P_{\mathrm{L}2}^1, \cdots, P_{\mathrm{L}n}^1]^{\mathrm{T}}$ 为第 n 时段内的负荷向量；$\boldsymbol{\beta} = \left[\dfrac{\beta_1^1 - \beta_1^0}{\beta_1^0}, \dfrac{\beta_2^1 - \beta_2^0}{\beta_2^0}, \cdots, \dfrac{\beta_n^1 - \beta_n^0}{\beta_n^0}\right]$

为第 n 时段内的电价变化率向量。

2）可控负荷的成本费用函数

研究表明，用户的边际效益与其用电量成反比，二者的关系如图 7-5 所示，灰色区域表示当用户降低其用电需求时的收益损失，本章将其定义为用户降低负荷的成本。

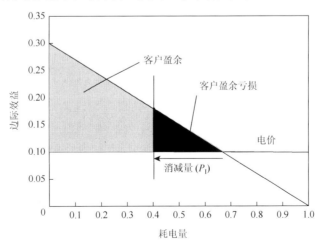

图 7-5　用户边际效益与用电量的关系

若边际效益函数是线性的，则用户调节其负荷的成本费用函数为二次函数，其自变量为用户的电能削减量 P_I 和用户类型参数 θ，因此，可控负荷的成本费用函数可表示为 $F_I(\theta, P_I)$。

由定义可知，可控负荷的成本费用函数的自变量 P_I 为正数，如果以用户配合程度对电力用户进行分类，并按升序排列的话，θ 也为非减函数，而成本费用函数本身也是非减函数。进一步研究发现，成本费用函数实际上是一个过原点的凸函数，因为对于大多数电力用户，切除的负荷越多，其边际成本的变化率越大，当用户不切除负荷时，其成本为 $F_I(\theta,0)=0$。若将 θ 归一化至[0,1]区间，则对于所有 $P_I \geqslant 0$，$0 \leqslant \theta \leqslant 1$，存在

$$\frac{\partial}{\partial \theta}\left(\frac{\partial F_I}{\partial P_I}\right) < 0 \tag{7-7}$$

$$\frac{\partial F_I}{\partial P_I} \geqslant 0 \tag{7-8}$$

$$\frac{\partial^2 F_I}{\partial P_I^2} > 0 \tag{7-9}$$

$$F_I(\theta,0) = 0 \tag{7-10}$$

常用的二次函数可以通过泰勒（Taylor）级数表示，同时文献[6]指出，福利损失和停电成本可近似表示为负荷变化的平方。因此，本书以泰勒级数描述可控负荷的成本费用函数，即

$$F_I(\theta, P_I) = F_0 + a\theta + bP_I + \frac{1}{2}cP_I^2 + dP_I\theta + \frac{1}{2}e\theta^2 \tag{7-11}$$

由式（7-11）可知，$F_{I0}=a=e=0$，又因为

$$\frac{\partial F_I}{\partial P_I} = b + cP_I + d\theta \geqslant 0 \tag{7-12}$$

由式（7-12）可知，$c>0$，由公式（7-9）可知，$d<0$。因为对于任意 $x \geqslant 0$，$0 \leqslant \theta \leqslant 1$，存在 $\frac{\partial F_I}{\partial P_I} \geqslant 0$，所以 $b \geqslant -e$。综上所述，将公式（7-11）重新表示为

$$F_I(\theta, P_I) = K_1 P_I^2 + K_2 P_I - K_2 P_I \theta \tag{7-13}$$

式中：K_1 和 K_2 为需要校准的参数；$-K_2 P_I\theta$ 保证 θ 取不同值时可以得到不同的 $\frac{\partial F_I}{\partial P_I}$。

在确定可控负荷的成本费用函数后，还需根据相关负荷数据，估算上述模型的参数。在工程实际中，供电商多对可中断负荷实行固定费率补偿机制。因此，设供电商为用户提供的负荷调控补偿费率为 r，则参与需求侧管理用户的收益可以表示为

$$F_c(\theta, P_I) = rP_I - F_I(\theta, P_I) \tag{7-14}$$

若用户通过调节其中断负荷容量以实现收益最大化，则公式（7-14）需满足

$$\frac{\partial F_c}{\partial P_I} = r - \frac{\partial F_I}{\partial P_I} = 0 \tag{7-15}$$

假设参与负荷侧控制的每个用户都以自身收益最大化为目标，将式（7-13）代入

式（7-15）中有

$$r - 2K_1P_1 - K_2 + K_2\theta = 0 \tag{7-16}$$

在已知用户数量、种类、参与负荷侧控制的容量及赔付费率的情况下，可以利用式（7-16）求解其参数 K_1 和 K_2。

7.2.2　考虑源荷互动的含风电 SCUC 模型

1. 目标函数

考虑源荷互动的含风电的电力系统 SCUC 模型的优化目标是：在满足电力系统及源荷两侧约束条件的前提下，实现其经济性最优即运行总成本最小。其目标函数包括可中断负荷的补偿成本、激励负荷的激励成本和电力系统供电测的发电成本三种[7]。

1）可中断负荷的补偿成本函数

$$F_{It}(\boldsymbol{U}_{It}, \boldsymbol{P}_{It}) = \sum_{j=1}^{N_1} U_{Ijt}(\rho_1 P_{Ijt}^2 + \rho_2 P_{Ijt} - \rho_2 P_{Ijt}\gamma_{Ij}) \tag{7-17}$$

式中：N_I 为系统可中断负荷用户数量；$\boldsymbol{U}_{It} = [U_{I1t}, \cdots, U_{Ijt}, \cdots U_{INt}]$ 为可中断负荷用户的状态向量，$U_{Ijt} = 0$ 表示不中断 j 用户的负荷，$U_{Ijt} = 1$ 表示中断 j 用户的负荷；$\boldsymbol{P}_{It} = [P_{I1t}, \cdots, P_{Ijt}, \cdots P_{INt}]$ 为中断负荷的容量向量；ρ_1 和 ρ_2 为赔偿系数；γ_{Ij} 为可中断负荷用户的停电意愿因子。

2）激励负荷的激励成本函数

$$F_{Ht}(\boldsymbol{U}_{Ht}, \boldsymbol{P}_{Ht}) = \sum_{k=1}^{N_D} U_{Hkt}(\eta_1 P_{Hkt}^2 + \eta_2 P_{Hkt} - \eta_2 P_{Hkt}\gamma_{Hk}) \tag{7-18}$$

式中：N_D 为系统激励负荷用户数量；$\boldsymbol{U}_{Ht} = [U_{H1t}, \cdots, U_{Hkt}, \cdots U_{HDt}]$ 为激励负荷用户的状态向量，$U_{Hkt} = 0$ 表示不增加 k 用户的负荷，$U_{Hkt} = 1$ 表示增加 k 用户的负荷；$\boldsymbol{P}_{Ht} = [P_{H1t}, \cdots, P_{Hkt}, \cdots P_{HDt}]$ 为增加负荷的容量向量；η_1 和 η_2 为激励系数；γ_{Hk} 为激励负荷用户的增加负荷意愿因子。

3）电力系统供电侧的发电成本

系统按照既定的发电计划运行产生的成本为发电成本。其数学表达为

$$F_{Gt}(\boldsymbol{U}_{Gt}, \boldsymbol{P}_{Gt}) = \sum_{i=1}^{N_G} [U_{Git}Y_{it}(P_{Git}) + U_{Git}(1 - U_{Git-1})S_{it}(P_{Git})] \tag{7-19}$$

式中符号具体含义见 3.2 节火电机组成本费用函数。

根据公式（7-17）～（7-19），系统运行总成本为

$$\min F = F[F_{It}(\boldsymbol{U}_{It}, \boldsymbol{P}_{It}), F_{Ht}(\boldsymbol{U}_{Ht}, \boldsymbol{P}_{Ht}), F_{Gt}(\boldsymbol{U}_{Gt}, \boldsymbol{P}_{Gt})] \tag{7-20}$$

2. 约束条件

考虑源荷互动的含风电电力系统 SCUC 模型中的决策变量还需满足以下约束条件。

1）系统功率平衡约束

$$\sum_{i=1}^{N_G} U_{Git} P_{Git} + P_{Wt} = P_{Dt} - \sum_{j=1}^{N} U_{Ijt} P_{Ijt} + \sum_{k=1}^{D} U_{Hkt} P_{Hkt} \tag{7-21}$$

式中：P_{Dt} 为系统在第 t 时段的发电负荷；P_{Wt} 为风电机组在第 t 时段的输出功率。

2）常规发电机组约束

具体形式见 4.2 节。

3）可控负荷约束

（1）可中断负荷的限值约束。

$$P_{Ij}^{\min} \leqslant P_{Ijt} \leqslant P_{Ij}^{\max} \tag{7-22}$$

式中：$P_{Ij}^{\max}$ 和 $P_{Ij}^{\min}$ 分别为用户 j 在第 t 时段可中断负荷的上限和下限。

（2）激励负荷的限值约束。

$$P_{Ik}^{\min} \leqslant P_{Ikt} \leqslant P_{Ik}^{\max} \tag{7-23}$$

式中：$P_{Ik}^{\max}$ 和 $P_{Ik}^{\min}$ 分别为用户 k 在第 t 时段增加负荷的上限和下限。

4）旋转备用风险约束

（1）正旋转备用的风险约束。

为保证系统可靠运行，必须将正旋转备用风险指数约束在允许的范围内，不能超过给定的风险槛值，即

$$Q_d \leqslant \lambda \tag{7-24}$$

式中：λ 为旋转备用风险槛值，为系统调度部门利用年总费用最小法获取可靠性标准后换算而得，通常取 0～10%。

系统在实际运行过程中，要求系统提供的旋转备用需满足常规机组的备用需求，即 $R_{Gp} \geqslant R_{Lp}$，则

$$Q_d(R_{Gp}) = \int_{-\infty}^{\bar{P}_W + R_{Lp} - R_{Gp}} q(P_W) \mathrm{d}P_W \leqslant \lambda \tag{7-25}$$

式中：系统可提供的正旋转备用为 $R_{Gp} = \sum_{i=1}^{N_G} U_{Git} P_{Gi}^{\max} + \sum_{j=1}^{N} U_{Ijt} P_{Ij}^{\max} - P_L$。

（2）负旋转备用的风险约束。

系统同样需要将负旋转备用风险指数约束在允许的范围之内，即

$$Q_u(R_{Gn}) = \int_{\bar{P}_W + R_{Gn} - R_{Ln}}^{+\infty} q(P_W) \mathrm{d}P_W \leqslant \lambda \tag{7-26}$$

式中：系统可提供的负旋转备用为 $R_{Gn} = P_L - \sum_{i=1}^{N_G} U_{Git} P_{Gi}^{\min} + \sum_{k=1}^{D} U_{Hkt} P_{Hk}^{\min}$。

5）网络安全约束

具体形式见 4.3 节。

7.2.3　考虑源荷互动的含风电 SCUC 模型的求解算法

1. 基于 Benders 分解的双层优化算法

针对考虑源荷互动的含风电 SCUC 问题，本小节将介绍一种基于 Benders 分解的双层优化算法。首先，对机组组合主问题进行求解；然后，将机组组合状态传递给各个时刻的可行解校核子问题，利用子问题校核结果判断主问题的解是否可行，并据此产生可解或不可解的 Benders 割并反馈到主问题中；最后，通过迭代计算直到系统满足网络安全约束条件，迭代收敛的条件是主问题没有加入可解约束条件得到的目标函数（下界）和加入可解约束条件得到的目标函数（上界）相等。该算法由于将机组组合 U_G 和机组出力 P_G 都纳入了反馈优化过程之中，增大了算法寻优的空间和能力，与传统的优化算法相比，更容易寻求全局最优解。算法框图和算法流程图见 4.4.2 小节 Benders 分解法。

2. 帝国竞争算法求解机组组合优化主问题

利用上述 Benders 解耦技术进行解耦，其机组组合优化主问题数学模型为

$$\min Z_{\text{lower}} = \min \left\{ \max \sum_{t=1}^{T} \sum_{i=1}^{N_G} U_{Git}(1 - U_{Gi(t-1)})S_{it} \right\} \tag{7-27}$$

主问题的约束条件如下。

（1）最小启停次数约束。

$$\sum_{t=1}^{24} |U_{Git} - U_{Git-1}| \leqslant N_{Gi} \tag{7-28}$$

（2）旋转备用风险约束。

① 正旋转备用风险约束。

$$Q_d \leqslant \lambda \tag{7-29}$$

系统在实际运行过程中，要求系统提供的旋转备用需满足常规机组的备用需求，即 $R_{Gp} \geqslant R_{Lp}$，则式（7-29）可转换为

$$Q_d(R_{Gp}) = \int_{-\infty}^{\bar{P}_W + R_{Lp} - R_{Gp}} q(P_W)dP_W \leqslant \lambda \tag{7-30}$$

式中：系统可提供的正旋转备用为

$$R_{Gp} = \sum_{i=1}^{M} U_{Git}P_{Gi}^{\max} + \sum_{j=1}^{N} U_{Ijt}P_{Ij}^{\max} - P_L \tag{7-31}$$

② 负旋转备用风险约束。

$$Q_u(R_{Gn}) = \int_{\bar{P}_W + R_{Gn} - R_{Ln}}^{+\infty} q(P_W)dP_W \leqslant \lambda \tag{7-32}$$

式中：系统可提供的负旋转备用为

$$R_{\mathrm{G}n} = P_{\mathrm{L}} - \sum_{i=1}^{M} U_{\mathrm{G}it} P_{\mathrm{G}i}^{\min} + \sum_{k=1}^{D} U_{\mathrm{H}kt} P_{\mathrm{H}k}^{\min} \qquad (7\text{-}33)$$

对于发电机数量较多或约束条件较复杂的模型，为了提升求解效率，可以采用计算效率更加稳定的帝国竞争算法对考虑源荷互动的风电 SCUC 模型进行求解。

帝国竞争算法是一种具有全局搜索能力的智能优化算法，它借鉴了人类在封建帝国时代，各国相互竞争并侵占对方土地以发展壮大的过程。该算法的初始种群个体被称为国家，按照权力的大小，国家被分为"帝国"和"殖民地"两种，权利作为衡量国家强大与否的指标，与优化目标函数相关，种群通过模拟帝国之间的竞争及获取殖民地的过程来寻求最优解。该算法主要包括帝国形成、吸收殖民地、帝国竞争和帝国消亡四个主要环节。

（1）帝国形成。由 h 维决策变量组成国家 $\mathrm{country} = [x_1, x_2, \cdots, x_h]$，其函数值为 f_{country}，定义第 n 个国家的标准化权力为

$$P_n = \left| \frac{f_n - \max_{m}\{f_i\}}{\sum_{i=1}^{m}\left(f_i - \max_{m}\{f_i\}\right)} \right| \qquad (7\text{-}34)$$

根据标准化权力的大小，将规模为 N_{C} 的种群排序，将权利最大的 k_{C} 个国家作为帝国，其余国家作为殖民地随机分配给各帝国。

（2）吸收殖民地。帝国周围的殖民地向帝国靠近，设殖民地移动的距离为 l，则

$$l \sim U(0, \delta \times l_{\mathrm{D}}) \qquad (7\text{-}35)$$

式中：$\delta > 1$；l_{D} 为帝国与其殖民地之间的直线距离。

设殖民地移动方向与帝国的连线呈偏移夹角 θ，则

$$\theta \sim U(-\psi, \psi) \qquad (7\text{-}36)$$

式中：ψ 为偏移夹角调整参数。

需要说明的是，在吸收殖民地的过程中，若出现帝国的标准化权力值小于殖民地的情况，则将该帝国的位置与其殖民地所在的位置进行交换。

帝国吸收殖民地过程如图 7-6 所示。

（3）帝国竞争。定义帝国总权力值为

$$C_{\mathrm{A}k} = \left| (f_k + \sigma \times \overline{f}_{k\mathrm{col}}) - \max_{k_{\mathrm{C}}}\{f_i + \sigma \times \overline{f}_{i\mathrm{col}}\} \right|$$
$$(7\text{-}37)$$

式中：f_k 为帝国 k 的目标函数值；σ 为权重参数；$\overline{f}_{k\mathrm{col}}$ 为帝国 k 占有殖民地的目标函数平均值。

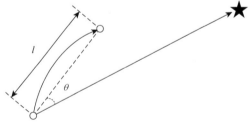

图 7-6 帝国吸收殖民地过程

从总权力最弱的帝国中挑选出若干个（一般为 1 个）弱小的殖民地，按一定概率分

配给其他 $k_C - 1$ 个帝国，第 j 个帝国的占有概率为

$$P_j = \left| \frac{C_{Aj}}{\sum\limits_{i=1}^{k_c-1} C_{Ai}} \right| \qquad (7\text{-}38)$$

（4）帝国消亡。在帝国竞争之后，若存在这样一个帝国，即其拥有的所有殖民地均被其余帝国占有，则定义该帝国已经灭亡，并消除其位置。若在帝国竞争之后，仅存在一个帝国占有所有殖民地，则算法停止，输出最优解；否则，返回步骤（2）。

帝国竞争算法的详细流程如图 7-7 所示。

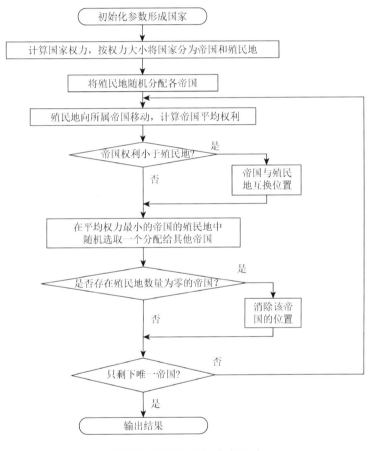

图 7-7　帝国竞争算法流程图

3. 考虑安全校核的经济负荷分配子问题的求解

将主问题优化得到的机组组合初始解引入各个时刻的可行性校核子问题中，判断初始解 U_{G0} 是否满足安全约束。子问题的目标函数是负荷有功功率紧缩量最小，

t $(1 \leqslant t \leqslant T)$ 时刻可解性校验子问题数学表达式为

$$\min v_t^n = \sum_{s=1}^{N_l} r_s^n$$

$$\text{s.t.} \begin{cases} \boldsymbol{C}^{\mathrm{T}} \boldsymbol{P}_l + \boldsymbol{P}_{\mathrm{G}} + \boldsymbol{r}^n = \boldsymbol{P}_{\mathrm{L}} \\ \boldsymbol{P}_l = \sum\limits_{i=1}^{N_{\mathrm{G}}} G_{l-m} \cdot E_{m,i} \cdot P_{\mathrm{G}i} - \sum\limits_{s=1}^{N_{\mathrm{node}}} G_{l-j} P_{\mathrm{L}it} \\ \bar{\lambda} : \boldsymbol{P}_{\mathrm{G}} \leqslant \hat{\boldsymbol{U}}_{\mathrm{G}} \boldsymbol{P}_{\mathrm{G}}^{\max} \\ \underline{\lambda} : -\boldsymbol{P}_{\mathrm{G}} \leqslant -\hat{\boldsymbol{U}}_{\mathrm{G}} \boldsymbol{P}_{\mathrm{G}}^{\min} \\ -\boldsymbol{P}_l^{\max} \leqslant \boldsymbol{P}_l \leqslant \boldsymbol{P}_l^{\max} \end{cases} \tag{7-39}$$

式中：r_s 为第 s 个负荷节点的有功功率紧缩量，该变量是指为满足系统子问题安全约束条件而削减的负荷节点有功功率；当 $v_t^n > 0$ 时，第 n 次迭代过程中 t 时刻仅靠调节电源侧有功出力无法满足系统子问题的安全约束条件，还需削减负荷节点有功功率；当 $v_t^n = 0$ 时，仅靠调节电源侧有功出力即可满足系统子问题的安全约束条件；$\boldsymbol{P}_l$ 为线路有功功率向量；$\boldsymbol{C}^{\mathrm{T}}$ 为支路-节点关联矩阵；$\boldsymbol{P}_{\mathrm{L}}$ 为节点负荷向量；$\boldsymbol{P}_{\mathrm{G}}$ 为注入的有功功率向量；$\bar{\lambda}$ 和 $\underline{\lambda}$ 为式（7-39）对偶问题的解，并且对应于原问题所在行的约束条件。

当 $v_t^n > 0$ 时，对应的不可解 Benders 割为

$$v_t^n + \sum_{i=1}^{N_{\mathrm{G}}} \bar{\lambda}_{it}^n P_{\mathrm{G}i}^{\max} (U_{it} - \hat{U}_{it}^n) - \underline{\lambda}_{it}^n P_{\mathrm{G}i}^{\min} (U_{it} - \hat{U}_{it}^n) \leqslant 0 \tag{7-40}$$

式中：乘子 λ_{it}^n 的物理意义可解释为，在 t 时刻第 i 号机组出力增加 1 MW 负荷缺额的边际增加或减少量。

当 $v_t^n = 0$ 时，t 时刻的最优运行子问题的数学形式为

$$\min \omega_t^n = \sum_{i=1}^{N_{\mathrm{G}}} U_{\mathrm{G}it} Y_{it} (P_{\mathrm{G}it})$$

$$\text{s.t.} \begin{cases} \boldsymbol{C}^{\mathrm{T}} \cdot \boldsymbol{P}_l + \boldsymbol{P}_{\mathrm{G}} = \boldsymbol{P}_{\mathrm{L}} \\ \boldsymbol{P}_l = \sum\limits_{i=1}^{M} G_{l-m} \cdot E_{m,i} \cdot P_{\mathrm{G}i} - \sum\limits_{s=1}^{N_{\mathrm{L}}} G_{l-j} P_{\mathrm{L}it} \\ \bar{\pi} : \boldsymbol{P}_{\mathrm{G}} \leqslant \hat{\boldsymbol{U}}_{\mathrm{G}} \boldsymbol{P}_{\mathrm{G}}^{\max} \\ \underline{\pi} : -\boldsymbol{P}_{\mathrm{G}} \leqslant -\hat{\boldsymbol{U}}_{\mathrm{G}} \boldsymbol{P}_{\mathrm{G}}^{\min} \\ -\boldsymbol{P}_l^{\max} \leqslant \boldsymbol{P}_l \leqslant \boldsymbol{P}_l^{\max} \end{cases} \tag{7-41}$$

第 n 次迭代的可解 Benders 割数学形式为

$$Z_{\text{lower}} = \max\left\{\sum_{t=1}^{T}\sum_{i=1}^{M}[U_{Git}(1-U_{Git-1})S_{it}] + \sum_{t=1}^{T}\left\{\omega_t^n + \sum_{i=1}^{M}[\bar{\pi}_{it}^n P_{Gi}^{\max}(U_{it}-\hat{U}_{it}^n) - \underline{\pi}_{it}^n P_{Gi}^{\min}(U_{it}-\hat{U}_{it}^n)]\right\}\right\}$$

$$（7\text{-}42）$$

在网络安全约束校核问题中，需要计算线路 l 的有功功率，这里采用直流潮流模型求解线路潮流。直流潮流模型计算简单，能够直接求出线路有功功率对节点的灵敏度系数，不存在收敛性问题。计算灵敏度系数只需知道网络结构和参数即可，对于一个电力系统，只需计算一次，计算结果可以反复调用。线路有功灵敏度系数计算方法为

$$G_{l-m} = \frac{\partial P_l}{\partial P_m} = \frac{\partial \dfrac{\theta_{l1}-\theta_{l2}}{x_l}}{\partial P_m} = \frac{\partial \dfrac{\theta_{l1}-\theta_{l2}}{x_l}}{\partial P_m} = \frac{X_{l1,m}-X_{l2,m}}{x_l} \qquad （7\text{-}43）$$

式中：G_{l-m} 为线路 l 对节点 m 的有功功率灵敏度系数；P_l 和 P_m 分别为线路 l 的有功功率和节点 m 等效注入有功功率；θ_{l1} 和 θ_{l2} 分别为线路 l 初始节点和末端节点的电压相角；$X_{l1,m}$ 和 $X_{l2,m}$ 分别为直流潮流电抗矩阵对应位置的电抗；x_l 为线路 l 的电抗。

7.3　考虑交流潮流安全约束的含风电 SCUC 问题

随着风力发电的快速发展，其大规模接入往往会带来较严重的无功问题，加之风电的调节能力普遍较差，其大规模并网会给现有基于直流潮流约束 SCUC 模型的日前电力市场决策带来诸多挑战[8]，主要包括：影响机组组合决策的准确性，降低电网运行的精细化水平；节点电压越限风险增加，降低电网运行的安全性；增加输电网损，降低系统运行的经济性。由此可见，风电的大规模接入给电力系统的电源结构带来了深刻变化，而传统基于直流潮流约束的 SCUC 模型已暴露出明显缺陷，亟须实现传统直流潮流约束向交流潮流约束[9]的过渡。本节将详细介绍考虑交流潮流约束的含风电 SCUC 模型。

7.3.1　模型目标函数及常规约束条件

含风电的 SCUC 问题通常是指，考虑风电出力的不确定性，在保证电力系统运行安全可靠的前提下，使其总运行成本最小，其目标函数与常规机组组合问题一致，详见 4.2 节。

为保证电力系统安全、可靠运行，在含风电电力系统的 SCUC 模型中，决策变量还需满足以下常规约束条件[10]。

1）系统功率平衡约束

$$\sum_{i=1}^{N_G}U_{Git}P_{Git} + P_{Wt} = P_{Lt} + P_{Dt} \qquad （7\text{-}44）$$

$$\sum_{i=1}^{N_G} U_{Git}Q_{Git} = Q_{Wt} + Q_{Lt} + Q_{Dt} \qquad (7\text{-}45)$$

式中：Q_{Dt} 为系统在第 t 时段的无功负荷；Q_{Lt} 为系统在第 t 时段的输电无功网损；Q_{Wt} 为风电机组在第 t 时段吸收的无功功率；Q_{Git} 表示第 i 号机组在第 t 时段的无功出力。

2）发电机组出力上、下限约束

$$P_{Gi}^{min} \leqslant P_{Git} \leqslant P_{Gi}^{max} \qquad (7\text{-}46)$$

$$Q_{Gi}^{min} \leqslant Q_{Git} \leqslant Q_{Gi}^{max} \qquad (7\text{-}47)$$

式中：Q_{Gi}^{min} 和 Q_{Gi}^{max} 分别为发电机组无功出力的下限和上限。

其他常规约束详见 4.2 节。

7.3.2 交流潮流安全约束及不确定性因素的描述

1. 基于交流潮流的网络安全约束

交流潮流网络安全约束为

$$-P_l^{max} \leqslant P_{lt} \leqslant P_l^{max} \qquad (7\text{-}48)$$

$$-Q_l^{max} \leqslant Q_{lt} \leqslant Q_l^{max} \qquad (7\text{-}49)$$

$$V_b^{min} \leqslant V_{bt} \leqslant V_b^{max} \qquad (7\text{-}50)$$

式中：P_{lt} 和 Q_{lt} 分别为线路 l 在第 t 时段的有功功率和无功功率；V_{bt} 为节点 b 在第 t 时段的电压；P_l^{max} 和 Q_l^{max} 分别为线路 l 允许的最大有功和无功容量；V_b^{min} 和 V_b^{max} 分别为节点 b 允许的最小和最大电压。

公式（7-48）～（7-50）中的变量 P_l^{max}，Q_l^{max} 和 V_{bt} 需要经过交流潮流方程求出。其具体形式为

$$\begin{cases} \Delta P = V_b \sum_{c \in b} V_c (G_{bc} \cos\theta_{bc} + B_{bc} \sin\theta_{bc}) \\ \Delta Q = V_b \sum_{c \in b} V_c (G_{bc} \sin\theta_{bc} - B_{bc} \cos\theta_{bc}) \end{cases} \qquad (7\text{-}51)$$

式中：ΔP 和 ΔQ 为节点注入有功和无功；$c \in b$ 表示与节点 b 相连的节点 c；V 为节点电压；G_{bc} 和 B_{bc} 分别为节点 b 与节点 c 之间网络导纳的实部和虚部。

2. 正、负旋转备用的风险约束

这里采用机会约束方法[11]描述机组组合问题中的风电出力不确定性，分别构建系统

正、负旋转备用风险指标，即

$$Q_d \leqslant \lambda \tag{7-52}$$

$$Q_u \leqslant \lambda \tag{7-53}$$

式中符号具体含义见 7.2 节。

7.3.3　考虑交流潮流安全约束的含风电 SCUC 模型的求解算法

1. 随机约束序优化算法的总体框架

本小节从融入交流潮流约束的不确定性 SCUC 模型本身的特点出发，介绍一种适用于 SCUC 模型求解的随机约束序优化方法。针对模型的离散决策变量 U_{Git} 和连续决策变量 P_{Git}，分别构造序优化粗糙模型和精确模型，在进行序比较的同时实现混合整数决策变量的解耦，其思路框架在图 4-5 上进行了改进，在精确模型中考虑了交流潮流安全约束，如图 7-8 所示。

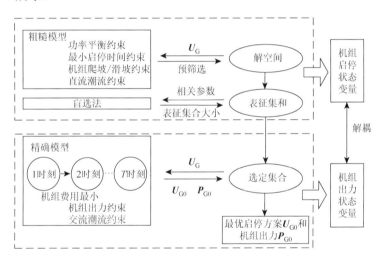

图 7-8　算法总体思路框图

由图 7-8 可知，本小节所提算法包括以下三个主要步骤。

（1）构造粗糙模型对机组启停状态解空间进行预筛选，依照均匀分布抽取 N 个可行解构成表征集合 $\boldsymbol{\Theta}_N$。

（2）利用特定的挑选规则从表征集合中进一步挑选出 s 个解作为选定集合 $\boldsymbol{S}$，集合 $\boldsymbol{S}$ 需保证以至少 $\alpha\%$ 的概率包含 k 个足够好解。

（3）以机组运行总成本最小为目标函数，考虑与机组出力相关的约束条件，构建针对连续变量 P_{Git} 的精确模型，针对选定集合 $\boldsymbol{S}$ 中的每一个机组启停状态，求解与之对应的机组出力和运行成本，并对选定集合进行进一步排序，求取最优解。

133

2. 粗糙模型的构建

构建合理的粗糙模型是保证序优化求解效率和精度的关键。一方面，粗糙模型的求解需要比精确模型简单，这样才能保证对解空间进行快速预筛选；另一方面，粗糙模型要能够准确地反映出解的相对优劣情况，以便对解空间进行初步排序。

考虑到 SCUC 模型求解的主要困难在于约束条件复杂，以及同时包含离散和连续两类决策变量，这里利用针对机组启停状态变量的约束条件构建粗糙模型，对发电机机组启停状态进行预筛选，生成发电机启停状态表征集合 $\boldsymbol{\Theta}_N$。具体约束条件如下。

1）功率平衡约束

$$\sum_{i=1}^{N_{\mathrm{G}}} U_{\mathrm{G}it} P_{\mathrm{G}i}^{\max} + P_{\mathrm{W}t} \geqslant P_{\mathrm{D}t} + Q_{\mathrm{D}p} \tag{7-54}$$

$$\sum_{i=1}^{N_{\mathrm{G}}} U_{\mathrm{G}it} P_{\mathrm{G}i}^{\min} + P_{\mathrm{W}t} \leqslant P_{\mathrm{D}t} - Q_{\mathrm{D}n} \tag{7-55}$$

式中：$Q_{\mathrm{D}p}$ 和 $Q_{\mathrm{D}n}$ 分别为考虑风电接入后，系统所需的正旋转备用和负旋转备用。

2）机组爬坡/滑坡约束

在粗糙模型中，机组爬坡速率约束体现为相邻时段内机组最大爬坡能力与最大滑坡能力之和大于负荷变化绝对值，即

$$\sum_{i=1}^{M} \left[U_{\mathrm{G}it} \Delta P_{\mathrm{G}i}^{\mathrm{up}} + P_{\mathrm{G}i}^{\min} (U_{\mathrm{G}it} - U_{\mathrm{G}it-1}) \right] \geqslant |P_{\mathrm{D}t} - P_{\mathrm{D}t-1}| \tag{7-56}$$

$$\sum_{i=1}^{M} \left[U_{\mathrm{G}it} \Delta P_{\mathrm{G}i}^{\mathrm{down}} + P_{\mathrm{G}i}^{\min} (U_{\mathrm{G}it} - U_{\mathrm{G}it-1}) \right] \geqslant |P_{\mathrm{D}t} - P_{\mathrm{D}t-1}| \tag{7-57}$$

3）网络安全约束

具体形式见 4.3 节。

本小节基于直流潮流模型构建了一组网络安全约束粗糙模型，之所以没有采用交流潮流模型，是因为在后续的精确模型排序时还要采用基于交流潮流模型的网络安全约束对计算结果进行校核，在预筛选阶段采用相对简化的直流潮流模型，在保证求解效率的同时还可以降低后续精确模型的计算量。

利用粗糙模型进行预筛选的思路是：针对一个调度日内的 24 个时段，利用随机生成的一个 $N \times 24$ 机组启停状态矩阵 $\boldsymbol{U}_{\mathrm{G}}$，通过上述公式逐时段校核 $\boldsymbol{U}_{\mathrm{G}}$ 中的每个列向量，符合条件的进入下一个环节。

3. 选定集合的确定

利用粗糙模型确定机组启停状态表征集合后，要从中进一步挑选出需利用精确模型进行排序的选定集合 $\boldsymbol{S}$。集合 $\boldsymbol{S}$ 需保证以较大概率包含至少 k 个足够好解，且集合远小

于解空间的大小。序优化常用的挑选规则有盲选法[12]和赛马规则[13]两种。前者需要先利用粗糙模型对表征集合进行初步排序，然后根据可行解排序结果（序曲线）确定选定集合规模；后者则是先从表征集合中随机挑选可行解，然后利用相应的数学模型确定选定集合规模。

由于利用约束条件构造粗糙模型很难对表征集合中的可行解进行排序，构造序曲线相对困难，这里采用盲选法确定选定集合 S，其数学模型为

$$P(|G \cap S| \geq k) = \sum_{j=k}^{\min\{g,s\}} \sum_{i=0}^{s-j} \frac{C_g^j C_{N-g}^{s-i-j}}{C_N^{s-i}} C_s^i q^{s-i} (1-q)^i \geq \eta \qquad （7-58）$$

式中符号具体含义详见 4.4.3 小节。

4. 精确模型的构建

序优化精确模型需要实现对选定集合的精确排序，同时保证所有解均能满足模型的约束条件。因此，这里以 SCUC 模型目标函数以及与连续变量 P_{Git} 相关的约束条件为基础，构造序优化精确模型，即

$$\min F_{Gt} = \sum_{t=1}^{24} \sum_{i=1}^{M} [U_{Git} Y_{it}(P_{Git}) + U_{Git}(1-U_{Git-1})S_{it}(\tau_i)]$$

$$\text{s.t.} \begin{cases} P_{Gi}^{\min} \leq P_{Git} \leq P_{Gi}^{\max} \\ Q_{Gi}^{\min} \leq Q_{Git} \leq Q_{Gi}^{\max} \\ -P_l^{\max} \leq P_{lt} \leq P_l^{\max} \\ -Q_l^{\max} \leq Q_{lt} \leq Q_l^{\max} \\ V_b^{\text{mix}} \leq V_{bt} \leq V_b^{\max} \end{cases} \qquad （7-59）$$

精确模型的求解思路是：将选定集合中的每一个机组合状态矩阵 U_G 作为已知参数代入公式（7-59）中，利用内点法求解相应的发电机有功出力矩阵 P_G，并利用 F_{Gt} 对解进行排序，求取最优解。

由于采用了交流潮流模型进行网络安全稳定校核，还可以精细化地求出决策方案产生的线路损耗，从而为调度人员提供更为精细化的数据参考[14]。

7.4　典　型　算　例

7.4.1　考虑源荷互动的含风电 SCUC 问题算例

为验证 7.2 节所提模型和算法的有效性，分别在 4 机 6 节点系统和 IEEE 39 节点系

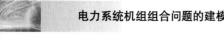
统中进行仿真验证。ICA 算法参数设置：国家数量为 200，初始帝国 10 个，$\delta = 1.75$，$\sigma = 0.2$，$\psi = \pi/2$，旋转备用风险指标为 0.01。

1.4 机 6 节点系统算例

系统共有 3 台常规发电机组、1 个风电场、5 条线路、2 台具有变换抽头的变压器和 1 台变相器，系统接线图如图 7-9 所示。常规机组正旋转备用需求为 20 MW，负旋转备用需求为系统最小负荷的 2%。在负荷高峰 11～15 时可中断负荷容量为 12 MW；在负荷低谷时段 1～3 时和 22～24 时，激励负荷容量为 10 MW，可控负荷成本参数如表 7-3 所示。

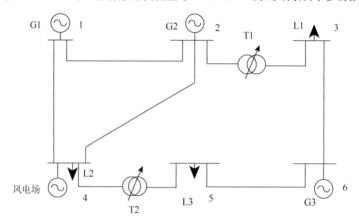

图 7-9 4 机 6 节点系统接线图

表 7-3 日负荷和风电出力预测数据 （单位：MW）

时刻	P_L	Q_L	P_W	时刻	P_L	Q_L	P_W
1	219.19	50.4	44.0	13	326.18	69.6	84.0
2	235.35	47.4	70.2	14	323.60	70.0	80.0
3	234.67	45.6	76.0	15	326.86	71.6	78.0
4	236.73	44.5	82.0	16	287.79	73.5	32.0
5	239.06	44.6	84.0	17	260.00	73.6	4.0
6	244.48	46.1	84.0	18	246.74	70.9	8.0
7	273.39	49.9	100.0	19	255.97	70.7	10.0
8	290.40	51.1	100.0	20	237.35	68.2	5.0
9	283.56	53.7	78.0	21	243.31	68.2	6.0
10	281.20	59.5	64.0	22	283.14	66.9	56.0
11	328.61	65.7	100.0	23	283.05	56.3	82.0
12	328.10	67.9	92.0	24	248.75	56.2	52.0

日负荷预测数据如表 7-3 所示，L1,L2 和 L3 在总负荷所占的百分比分别为 20%,40% 和 40%；风电场在节点 4 处接入，其预测出力如表 7-3 所示，假设风力发电机组不提供

136

旋转备用且不考虑其强迫停运的可能性，风机的相关参数为 $v_{in} = 3$ m/s， $v_{out} = 25$ m/s， $v_R = 15$ m/s，风速预测误差的标准差为 0.5。

为验证本章所提模型和算法的有效性，设计三种方式对算例进行仿真。

方式 1：不考虑可控负荷和网络安全约束

并网常规发电机组的出力如表 7-4 所示。

表 7-4　方式 1 的并网常规机组出力　　　　　　（单位：MW）

时刻	G1	G2	G3
1	175	0	0
2	165	0	0
3	159	0	0
4	155	0	0
5	155	0	0
6	160	0	0
7	173	0	0
8	190	0	0
9	206	0	0
10	217	0	0
11	219	0	10
12	220	0	16
13	220	10	12
14	220	10	14
15	220	10	19
16	220	16	20
17	220	16	20
18	219	10	10
19	220	10	16
20	220	12	0
21	220	17	0
22	217	10	0
23	191	10	0
24	187	10	0

由表 7-4 可知，发电机 G1 一直处于开机运行状态，G2 和 G3 只在负荷高峰时段及部分时刻投入运行。

线路发生潮流越限的时刻及其对应的潮流如表 7-5 所示。

表 7-5　方式 1 的线路潮流越限情况

时刻	11	12	13	14	15
线路 4-5/MW	109.4429	107.4237	104.9319	103.1448	103.7667
越限率/%	9.4	7.4	4.9	3.1	3.8

由表 7-5 可知，所有线路中，只有线路 4-5 在 11~15 时段发生了潮流越限，线路 4-5 最大传输功率为 100 MW，越限情况最严重的情况发生在 11 时。

方式 2：考虑可控负荷但不考虑网络安全约束

并网常规发电机组的出力如表 7-6 所示。

表 7-6　方式 2 的并网常规机组出力　　　　　　　　（单位：MW）

时刻	G1	G2	G3
1	175	0	0
2	165	0	0
3	159	0	0
4	155	0	0
5	155	0	0
6	160	0	0
7	173	0	0
8	190	0	0
9	206	0	0
10	217	0	0
11	219	0	10
12	220	0	16
13	220	10	12
14	220	10	14
15	220	10	19
16	220	16	20
17	220	16	20
18	219	10	10
19	220	10	16
20	220	12	0
21	220	17	0
22	217	10	0
23	191	10	0
24	187	10	0

由表 7-6 可知，与方式 1 相比，方式 2 的常规机组启停状态并未发生改变，但是机组出力在负荷高峰时段明显降低。

线路发生潮流越限的时刻及其对应的潮流如表 7-7 所示。

表 7-7　方式 2 的线路潮流越限情况

时刻	11	12	13	14	15
线路 4-5/MW	105.390	103.3760	100.8884	99.1022	99.7281
越限率/%	5.4	3.4	0.9	0	0

对比表 7-5 和表 7-7 可知，将可控负荷纳入机组组合决策体系之中以后，所有线路中，依然只有线路 4-5 发生了潮流越限，但是越限时间由方式 1 的 5 h 缩减到方式 2 的 3 h，而且线路的越限量也显著降低。由此可知，充分发挥可控负荷的调峰效益，不仅可以提升系统运行的经济性，还对系统运行的安全可靠性具有正面影响。

方式 3：既考虑可控负荷又考虑网络安全约束

利用本章提出的基于 Benders 解耦的优化算法进行求解，并网常规机组出力如表 7-8 所示。由表 7-8 可知，由于在模型中考虑了线路安全约束，与方式 1 和方式 2 相比，常规发电机组的启停状态和出力均进行了相应调整。

表 7-8　方式 3 的并网常规机组出力　　　　　　　　（单位：MW）

时刻	G1	G2	G3
1	175	0	0
2	165	0	0
3	159	0	0
4	155	0	0
5	155	0	0
6	160	0	0
7	173	0	0
8	193	0	0
9	206	0	0
10	217	0	0
11	218	10	0
12	218	18	0
13	218	24	0
14	220	10	14
15	220	10	19
16	220	16	20
17	220	16	20
18	219	10	10
19	220	10	16
20	220	12	0
21	220	17	0
22	217	10	0
23	191	10	0
24	187	10	0

线路发生潮流越限的时刻及其对应的潮流如表 7-9 所示。

表 7-9　方式 3 的线路潮流越限情况

线路	11	12	13	14	15
线路 4-5/MW	95.3334	93.8973	92.7223	99.1022	99.7281
越限率/%	0	0	0	0	0

由表 7-9 可知，在 SCUC 模型中考虑线路断面安全约束之后，系统所有线路均未发生潮流越限的情况，有效保证了机组组合决策的有效性。

三种运行方式的成本费用如表 7-10 所示。

表 7-10　系统运行的成本费用　　　　　　（单位：美元）

方式	运行费	启停费	激励负荷成本	可中断负荷成本	总费用
方式 1	78 825.71	300.00	0	0	79 125.71
方式 2	77 775.48	300.00	328.68	207.40	78 611.56
方式 3	87 556.74	300.00	328.68	207.40	88 392.82

由表 7-10 可知，方式 1 的系统运行成本虽然较小，但是其越限量总和最大，说明此种方式未能考虑系统运行的安全性，该方式的有效性较低；与方式 1 相比，方式 2 的成本费用说明，将可控负荷作为一种调峰手段纳入 SCUC 模型之中，能够降低系统的发电成本，同时缓解输电断面潮流越限的情况；与方式 1 相比，方式 3 的运行总成本虽然较高，但是决策不会导致系统潮流断面越限，从而保证了决策的有效性。

2. IEEE 10 机 39 节点系统仿真结果

IEEE 10 机 39 节点系统共有 10 台常规机组、1 个风电场、46 条线路和 21 个负荷节点。节点负荷数据参考我国某地区电网的实际数据制定，分别在上述方式 2 和方式 3 两种情况下进行仿真验证。

方式 2 的常规机组启停状态如表 7-11 所示。

表 7-11　IEEE 39 不考虑网络安全约束的计划机组组合

时刻	G1	G2	G3	G4	G5	G6	G7	G8	G9	G10
1	1	1	0	1	0	0	0	0	0	0
2	1	1	0	1	0	0	0	0	0	0
3	1	1	1	1	0	0	0	0	0	0
4	1	1	1	1	0	0	0	0	0	0
5	1	1	1	1	0	0	0	0	0	0

续表

时刻	G1	G2	G3	G4	G5	G6	G7	G8	G9	G10
6	1	1	1	1	1	0	0	0	0	0
7	1	1	1	1	1	0	0	0	0	0
8	1	1	1	1	1	1	0	0	0	0
9	1	1	1	1	1	1	0	0	0	0
10	1	1	1	1	1	1	0	0	0	0
11	1	1	1	1	1	1	0	1	0	0
12	1	1	1	1	1	1	0	1	0	0
13	1	1	1	1	1	0	0	0	0	0
14	1	1	1	1	1	1	0	0	0	0
15	1	1	1	1	1	0	0	0	0	0
16	1	1	1	1	1	0	0	0	0	0
17	1	1	1	1	1	0	0	0	0	0
18	1	1	1	1	1	0	0	0	0	0
19	1	1	1	1	1	1	0	0	0	0
20	1	1	1	1	1	1	0	0	0	0
21	1	1	1	1	1	1	0	0	0	0
22	1	1	1	1	1	0	0	0	0	0
23	1	1	1	1	0	0	0	0	0	0
24	1	1	1	0	0	0	0	0	0	0

方式 2 的系统出现潮流越限线路的总数如图 7-10 所示。

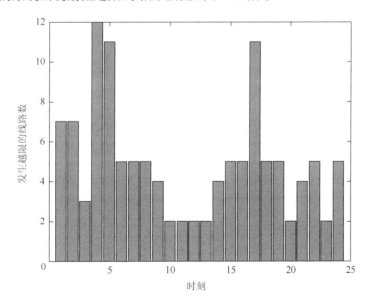

图 7-10　各个时刻发生潮流越限的线路条数

由图 7-10 可知，如果在机组组合模型中不考虑网络安全约束，在 24 h 内，每个时段都有线路发生潮流越限，其中，最少的越限数有 2 条，最多的是在 4 时，有 12 条线路发生潮流越限。

方式 3 的常规机组启停状态如表 7-12 所示。

表 7-12 IEEE 39 考虑网络安全约束的计划机组组合

时刻	G1	G2	G3	G4	G5	G6	G7	G8	G9	G10
1	1	1	1	1	1	1	0	0	0	0
2	1	1	1	1	1	0	0	0	1	0
3	1	1	1	1	1	0	1	0	1	0
4	1	1	1	1	1	0	1	0	1	0
5	1	1	1	1	1	0	1	0	1	0
6	1	1	1	1	1	0	1	0	1	1
7	1	1	1	1	1	0	0	0	1	1
8	1	1	1	1	1	1	0	0	0	1
9	1	1	1	1	1	1	1	0	0	1
10	1	1	1	1	1	1	0	0	1	1
11	1	1	1	1	1	1	1	1	1	1
12	1	1	1	1	1	1	0	1	1	1
13	1	1	1	1	1	1	1	0	1	1
14	1	1	1	1	1	1	0	0	0	0
15	1	1	1	1	1	0	0	0	1	0
16	1	1	1	1	1	0	1	0	0	0
17	1	1	1	1	1	0	0	0	1	0
18	1	1	1	1	1	0	1	0	1	0
19	1	1	1	1	1	0	1	0	1	0
20	1	1	1	1	1	1	1	1	1	0
21	1	1	1	1	1	1	1	1	1	0
22	1	1	1	1	1	1	1	0	1	0
23	1	1	1	1	1	0	1	0	1	0
24	1	1	1	1	1	0	1	0	1	0

由表 7-12 可知，在模型中考虑网络安全约束后，为了保证线路潮流不越限，机组 G7，G8，G9 和 G10 的启停次数有所增加。同时，系统线路潮流越限数量为 0。

两种方式下的系统运行总成本如表 7-13 所示。

表 7-13　系统运行总成本　　　　　　　　　　　　（单位：美元）

方式	运行费	启停费	激励负荷成本	可中断负荷成本	总费用
方式 2	1 561 386.15	500.00	3 800.40	4 762.00	1 570 448.55
方式 3	1 721 909.79	400.00	3 800.40	4 762.00	1 730 872.19

由表 7-13 可知，在模型中考虑系统网络安全约束，虽然在一定程度上推高了系统的运行成本，但是可以有效保证系统运行的安全可靠性，提升了机组组合决策的有效性。

7.4.2　考虑交流潮流安全约束的含风电 SCUC 问题算例

本小节以修改的 IEEE 118 节点电力系统为例，对模型进行仿真验证。该系统包含 54 台火电机组、3 个风电场和 91 个负荷点，其中风电场分别位于节点 14、54 和 95 上，其额定功率分别为 100 MW、200 MW 和 250 MW，其有功出力如图 7-11 所示。系统中常规机组正旋转备用需求为系统最大负荷的 8%，负旋转备用需求为系统最小负荷的 2%，旋转备用风险指标为 0.01。

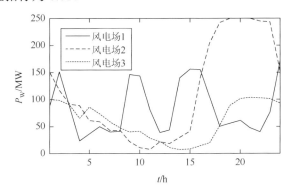

图 7-11　风电场出力曲线图

1. 模型求解

利用机会约束方法求取的系统及各风电场所需的旋转备用如表 7-14 所示。

表 7-14　各风电场所需旋转备用

备用	风电场 1	风电场 2	风电场 3	系统所需旋转备用	总备用需求
正旋转备用/MW	10	19	24	480	533
负旋转备用/MW	10	19	24	44	97

利用 7.3 节所构建的考虑交流潮流安全约束的 SCUC 模型及其相应求解方法，求解 IEEE 118 节点仿真算例中 54 台发电机组 24 h 内的启停计划，结果如表 7-15 所示，其中，燃料费为 1 681 142 美元，启停费用为 355 美元。

表 7-15 交流潮流约束下的启停方案

机组	时间（1～24 h）
24	111111111111111111111000
33	011111111111111111111111
34	000000111111111111111111
47	000000000011111111111111
52	000000000111111111111111
1～3，7，12，14，16，18，22，31，36，39，41，46，49，50，54	000000000000000000000000
4～6，8～11，13，15，17，19～21，23，25～30，32，35，37，38，40，42～45，48，51，53	111111111111111111111111

该模型还可以详细计算系统的输电网损，从而为系统调度人员提供更为精细化的数据支持。利用本章所建 AC-SCUC 模型计算系统 24 个时段的输电网损如图 7-12 所示。

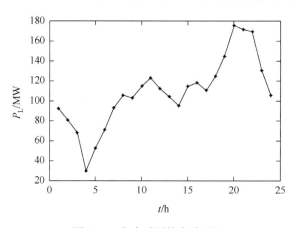

图 7-12 各个时刻的有功网损

由图 7-12 可知，系统输电网损的变化趋势与负荷变化趋势基本一致，在 20 时最大，为 176.11 MW，在 4 时最小，为 29.71 MW。

2. 对比分析

1）直流潮流安全约束与交流潮流安全约束对比分析

为验证本章所提模型的先进性，利用基于直流潮流网络安全约束的 SCUC 模型对本章算例进行求解，对仿真结果进行校核，对比分析其运行成本，输电网络越限情况如表 7-16 所示。其中，基于直流潮流网络安全约束的 SCUC 模型和本章所建模型分别用 DC-SCUC 和 AC-SCUC 表示。

表 7-16　直流约束与交流约束比较结果

模型	总费用/美元	有功越限线路数	电压越限节点数
AC-SCUC	1 681 497.00	0	0
DC-SCUC	1 623 547.00	0	105

由表 7-16 可知，就系统运行成本而言，AC-SCUC 模型制定的方案比 DC-SCUC 模型增加了 57 950 美元，而在 24 h 的调度时段内，两个方案导致的线路有功越限数均为 0，但 DC-SCUC 模型制定的调度方案却出现了 105 次节点电压越限的情况。

结果表明，无论是 DC-SCUC 模型还是本章提出的 AC-SCUC 模型，都可以有效避免输电线路出现有功潮流越限。因为考虑了更为精确的电压和无功等约束条件，相比于 DC-SCUC 模型，本章所建模型制定的调度方案成本虽然有所增加，但有效避免了节点电压越限的情况出现，从而提升了日前调度决策方案的有效性，保证了系统安全可靠运行。

在基于 DC-SCUC 模型制定的调度方案下，出现电压越限的节点编号及最大越限电压如表 7-17 所示。

表 7-17　各时刻下越限电压

时刻	越限电压节点	越限最大电压	越限最大节点
1	21，29，31，53，112	0.929	112
2	21，29，31，53，112，	0.929	112
3	21，29，31，38，43，44，53，118	0.924	53
4	21，29，31，38，43，44，52，53，118	0.915	52
5	21，29，31，38，52，53，118	0.921	52
6	21，29，31，38，53，118	0.926	53
7	21，29，31，53	0.927	53
8	21，29，31，53	0.927	53
9	21，29，31，53	0.927	53
10	21，29，31，53	0.926	53
11	21，29，53	0.927	53
12	21，29，31，53	0.927	53
13	21，29，53	0.928	53
14	21，29，31，53	0.925	53
15	21，29，31，53	0.920	53
16	21，29，31，53	0.926	53
17	21，29，31，53	0.924	53
18	21，29，31，53	0.926	53
19	21，29，31，53	0.928	53
20	21，29，31，53，95	0.932	53
21	21，29，53，95	0.924	53
22	21，29，31，53	0.928	53
23	21，29，31，53	0.926	53
24	21，29，31，53	0.923	53

由表 7-17 可知，由于 DC-SCUC 模型未能对节点电压约束进行校核，系统在各时刻均出现低电压情况。其中，29,31 和 53 三个节点在 24 个时段均出现电压越限，是整个系统网架较为薄弱的部分。

2）风电场对电力系统运行影响分析

为分析风电场对电力系统运行安全的影响，采用 DC-SCUC 模型分别对含风电和不含风电的电力系统进行优化计算，并采用交流潮流模型对仿真结果进行安全校核，其结果如表 7-18 所示。

表 7-18　风电场对电力系统运行的影响

项目	总费用/美元	电压越限节点数
含风电	1 681 497.00	105
不含风电	1 740 765.00	75

由表 7-18 可知，风电接入后，虽然可以降低系统的运行成本，但是也会导致系统电压越限节点数增加，其原因是，风电场在运行过程中会在一定程度上吸收无功功率。由此可见，在风电大规模接入的形势下，传统 DC-SCUC 模型将很难保证日前调度决策的有效性。

本章参考文献

[1]　马韬韬，郭创新，曹一家，等. 电网智能调度自动化系统研究现状及发展趋势[J]. 电力系统自动化，2010，34（9）：7-11.

[2]　江全元，张铭泽，高强. 考虑交流潮流约束的机组组合并行解法[J]. 电工技术学报，2009，24（8）：120-126.

[3]　于娜. 电力需求响应参与系统运行调控问题的研究.[D]. 哈尔滨：哈尔滨工业大学，2009.

[4]　张钦，王锡凡，王建学，等. 电力市场下需求响应研究综述[J]. 电力系统自动化，2008，32（3）：97-107.

[5]　US DEPARTMENT OF ENERGY. Benefits of demand response in electricity markets and recommendations for achieving them: A report to the United State Congress pursuant to section 1252 of the Energy Policy Act of 2005[EB/OL].[2007-07-21]. http：//www. ferc. gov/legal/staff-reports/demand-response.pdf.

[6]　ELECTRIC POWER RESEARCH INSTITUTE. Designing an integrated menu of electric service options. Modeling customer demand for priority service using C-VALU-the Niagara Mohawk application，Technical Report TR-100523，EPRI，1992.

[7]　杨楠，王波，刘涤尘，等. 计及大规模风电和柔性负荷的电力系统供需侧联合随机调度方法[J]. 中国电机工程学报，2013，33（16）：63-69.

[8]　WU L，SHAHIDEHPOUR M，LI T. Stochastic security-constrained unit commitment [J]. IEEE Transactions on Power Systems，2007，22（2）：800-811.

[9]　丁平，李亚楼，田芳，等. 大型互联电网交流计划潮流算法[J]. 中国电机工程学报，2014，34（31）：5618-5624.

[10]　YANG N，YE D，ZHOU Z，et al. Research on modelling and solution of stochastic SCUC under AC power flow constraints[J]. IET Generation，Transmission and Distribution，2018，12（15）：3618-3625.

[11]　杨楠，王波，刘涤尘，等. 考虑柔性负荷调峰的大规模风电随机优化调度方法[J]. 电工技术学报，2013，28（11）：231-238.

[12] HO Y C，SERENIVAS R S，VKAILI P. Ordinal optimization of DEDS[J]. Discrete Event Dynamic Systems：Theory and Applications，1992，2（2）：61-88.

[13] LUA T W E，HO Y C. Universal alignment probabilities and subset selection for ordinal optimization[J]. Journal of Optimization Theory and Applications，1997，93（3）：455-489.

[14] 夏道止. 电力系统分析[M]. 北京：中国电力出版社，2011：61-67.

第 **8** 章

关于机组组合问题研究的展望

8.1 引　言

近年来，风力和光伏等分布式能源发展迅速。受气候和环境等因素的影响，分布式电源的大规模接入会增加电力系统中的不确定性，从而给 SCUC 决策带来严峻挑战。因此，研究多种分布式能源大规模接入下的 SCUC 问题已成为当前学术界的研究热点。目前，对不确定性环境下 SCUC 问题的研究主要考虑的是单一随机性变量，采用的建模方法有场景法、机会约束方法和鲁棒优化方法。然而，实际电力系统中包含诸如风电出力、光伏发电出力和负荷预测误差等多重不确定性因素，现有仅考虑单一不确定性的 SCUC 显然难以保证其决策的有效性。因此，近期已有学者开始在 SCUC 问题中考虑多重不确定性因素的影响[1,2]。

同时，随着人工智能技术的不断发展，将人工智能技术与机组组合问题结合构建深度学习模型也成为解决机组组合问题有效性、适应性的新思路[3,4]。区别于基于物理模型驱动的决策方法，基于数据驱动的机组组合决策不需要研究机组组合的内在机理，而是基于深度学习方法，利用海量历史决策数据训练，直接构建已知输入量与决策结果之间的映射关系，并通过历史数据的积累实现对模型的持续性修正，从而赋予机组组合决策以自我进化和自我学习的能力。

本章将从考虑多重不确定性及其相关性的机组组合和基于数据驱动的机组组合两方面着手，讨论当前机组组合问题研究领域的一些新方法和新理论，希望能给读者一些启发。

8.2 考虑多重不确定性因素及其相关性的机组组合问题研究

8.2.1 考虑多重随机因素的鲁棒机组组合模型

1. 基本场景下的机组组合模型

本小节所提出的鲁棒机组组合模型的目标函数主要包含常规机组的燃料成本和启停成本，具体形式见 4.2 节。

为保证系统安全、可靠地运行，还需在模型中保证决策变量满足以下约束条件。

功率平衡约束。

$$\sum_i P_{it}^b + \sum_w P_{wt}^b + \sum_v P_{vt}^b = \sum_d P_{dt}^b \qquad (8\text{-}1)$$

式中：P_{wt}^b，P_{dt}^b 和 P_{vt}^b 分别为 t 时刻风电出力预测值、负荷功率预测值和光伏发电出力预测值。

其他常规约束同 4.2 节，网络安全约束同 4.3 节。

2. 不确定性场景下的机组组合模型

基本场景下求得的机组组合决策方案及机组出力计划应当保证系统在不确定性环境下的鲁棒性，因此，需要利用不确定性环境下的系统约束条件对决策结果进行校核。需要指出的是，在实际计算中，可以先寻求最坏场景，然后直接利用最坏场景进行鲁棒性校核。

（1）常规机组的出力约束。

$$U_{Git}P_{Gi}^{\min} \leqslant P_{Git}^u \leqslant U_{Git}P_{Gi}^{\max} \tag{8-2}$$

式中：P_{Git}^u 为不确定情况下的常规机组实际出力。

（2）功率平衡约束。

$$\sum_i P_{Git}^u + \sum_j P_{Wjt}^u + \sum_n P_{Snt}^u = \sum_k P_{Dkt}^u \tag{8-3}$$

式中：P_{Wjt}^u，P_{Snt}^u 和 P_{Dkt}^u 分别为不确定性情况下的风电出力、光伏发电出力和负荷的实际值。

（3）旋转备用容量。

$$-R_i^{\mathrm{down}} \cdot U_{Git} \leqslant P_{Git}^u - P_{Git} \leqslant R_i^{\mathrm{up}} \cdot U_{Git} \tag{8-4}$$

式中：R_i^{up} 和 R_i^{down} 分别为常规机组的正、负旋转备用。

（4）爬坡约束。

$$\Delta P_{Gi}^{\mathrm{up}}U_{Git} + P_{Gi}^{\min}(U_{Git} - U_{Gi(t-1)}) \geqslant P_{Git}^u - P_{Gi(t-1)}^u \tag{8-5}$$

$$\Delta P_{Gi}^{\mathrm{down}}U_{Git-1} + P_{Gi}^{\min}(U_{Gi(t-1)} - U_{Git}) \geqslant P_{Gi(t-1)}^u - P_{Git}^u \tag{8-6}$$

（5）网络安全约束。

$$-P_l^{\max} \leqslant \sum_{i=1}^{N_{\mathrm{G}}}(K_{Gli}P_{Git}^u) + \sum_{j=1}^{N_{\mathrm{w}}}(K_{Wlj}P_{Wjt}^u) + \sum_{n=1}^{N_{\mathrm{s}}}(K_{Sln}P_{Snt}^u) - \sum_{k=1}^{D}(K_{Dlk}P_{Dkt}^u) \leqslant P_l^{\max} \tag{8-7}$$

式中：K_{Wlj}，K_{Sln} 和 K_{Dlk} 分别为风电机组、光伏发电机组和负荷的网络转移因子；其余符号的具体含义见第 3 章和第 4 章。

8.2.2 最坏场景求解

1. 最坏场景的确定

对于相互独立的不确定性因素，系统的最坏场景是独立不确定性因素最坏场景的线性叠加。然而，风电、光伏发电和负荷之间存在一定的相关性[5]，不确定性因素无法同时达到最坏场景，因而不能通过简单线性叠加来计算电力系统的最坏场景。

鉴于此，本小节基于楚列斯基分解理论，介绍一种适用于多重相关随机性因素的最坏场景快速推求方法。首先，利用非参数核密度估计分别构建风电、光伏发电和负荷的概率密度函数；然后，利用拉丁超立方抽样生成样本[6]；最后，采用楚列斯基分解法将上述具有相关性的随机样本转换为相互独立的随机样本，并以此为基础确定最坏场景。

2. 随机因素的概率密度函数建模

已知基于历史数据的负荷样本个数为 n，则基于非参数核密度估计方法构建负荷的概率密度模型为

$$\phi(P_{\mathrm{d}}, l) = \frac{1}{nl} \sum_{i=1}^{n} K\left(\frac{P_{\mathrm{d}} - P_{\mathrm{d}m}}{l}\right) \tag{8-8}$$

式中：$\phi(P_{\mathrm{d}})$ 为负荷的概率密度函数；$K(P_{\mathrm{d}}, l)$ 为核函数；$P_{\mathrm{d}m}$ 为负荷样本中的第 m 个样本值；l 为带宽。

本节选择高斯函数作为负荷概率密度模型的核函数，并利用文献[7]提出的方法对带宽 l 进行求解，从而得到系统负荷的概率密度函数 $\phi(P_{\mathrm{d}})$。

同理，可以求得风电出力的概率密度函数 $\phi(P_{\mathrm{w}})$ 和光伏出力概率密度函数 $\phi(P_{\mathrm{v}})$ 分别为

$$\phi(P_{\mathrm{w}}, l) = \frac{1}{nl} \sum_{i=1}^{n} K\left(\frac{P_{\mathrm{w}} - P_{\mathrm{w}m}}{l}\right) \tag{8-9}$$

$$\phi(P_{\mathrm{v}}, l) = \frac{1}{nl} \sum_{i=1}^{n} K\left(\frac{P_{\mathrm{v}} - P_{\mathrm{v}m}}{l}\right) \tag{8-10}$$

式中：$P_{\mathrm{w}m}$ 为风电出力样本中的第 m 个样本值；$P_{\mathrm{v}m}$ 为光伏发电出力样本中的第 m 个样本值。

3. 相关性处理

1）拉丁超立方抽样产生样本

拉丁超立方抽样是一种分层采样方法，它具有样本记忆功能，可避免抽取已经出现

的样本。设采样规模为 N，$Y_m = F_m(X_m)$ 表示第 m 个随机变量 X_m 的概率密度函数。其具体抽样过程如下：将[0,1]区间平均分为 N 等份，选取每个子区间的中间值，通过其反函数得到采样值 $x_{mn} = F_m^{-1}((n - 0.5) / N)$。所有随机变量采样完成后，便得到样本矩阵。

2）相关系数矩阵的楚列斯基分解

利用相关系数矩阵来描述负荷、风电和光伏发电之间的相关性，设通过拉丁超立方抽样得到的样本矩阵为 $\boldsymbol{W} = [w_1, w_2, \cdots, w_l]^T$，其相关系数矩阵为

$$\boldsymbol{C}_w = \begin{bmatrix} 1 & \rho_{w12} & \cdots & \rho_{w1l} \\ \rho_{w21} & 1 & \cdots & \rho_{w2l} \\ \vdots & \vdots & & \vdots \\ \rho_{wl1} & \rho_{wl2} & \cdots & 1 \end{bmatrix} \tag{8-11}$$

该矩阵各元素可由下式求得：

$$\rho_{wij} = \rho(w_i, w_j) = \frac{C_{ov}(w_i, w_j)}{\sigma_{w_i}, \sigma_{w_j}} = \frac{C_{ov}(w_i, w_j)}{\sigma_{w_i}, \sigma_{w_j}} = \rho_{w_{ij}} \tag{8-12}$$

式中：σ_{w_i} 和 σ_{w_j} 分别为输入变量 w_i 和 w_j 的标准差；$C_{ov}(w_i, w_j)$ 为输入变量 w_i 与 w_j 的协方差。

由定义不难看出，这里的相关系数矩阵 $\boldsymbol{C}_w$ 是正定矩阵，可以对系数矩阵进行楚列斯基分解，即

$$\boldsymbol{C}_w = \boldsymbol{G}\boldsymbol{G}^T \tag{8-13}$$

式中：$\boldsymbol{G}$ 为下三角矩阵，其中元素可由下式求得：

$$\begin{cases} g_{kk} = \left(\rho_{w_{kk}} - \sum_{m=1}^{k-1} g_{km}^2 \right)^{1/2}, & k = 1, 2, \cdots, l \\ g_{ik} = \dfrac{\rho_{w_{ik}} - \sum_{m=1}^{k-1} g_{im} g_{km}}{g_{kk}}, & i = k + 1, k + 2, \cdots, l \end{cases} \tag{8-14}$$

3）正交转换矩阵推导

设存在一正交矩阵 $\boldsymbol{B}$，可将具有相关性的输入随机变量 $\boldsymbol{W}$ 转换为不相关的随机变量 $\boldsymbol{Y}$，即

$$\boldsymbol{Y} = \boldsymbol{B}\boldsymbol{W} \tag{8-15}$$

由于不相关随机变量 $\boldsymbol{Y}$ 的相关系数矩阵 $\boldsymbol{C}_Y$ 为单位矩阵 $\boldsymbol{I}$，有

$$\boldsymbol{C}_Y = \rho(\boldsymbol{Y}, \boldsymbol{Y}^T) = \rho(\boldsymbol{B}\boldsymbol{W}, \boldsymbol{W}^T\boldsymbol{B}^T) = \boldsymbol{B}\rho(\boldsymbol{W}, \boldsymbol{W}^T)\boldsymbol{B}^T = \boldsymbol{B}\boldsymbol{C}_W\boldsymbol{B}^T = \boldsymbol{I} \tag{8-16}$$

又由式（8-13）可得

$$\boldsymbol{C}_Y = \boldsymbol{B}\boldsymbol{C}_W\boldsymbol{B}^T = \boldsymbol{B}\boldsymbol{G}\boldsymbol{G}^T\boldsymbol{B}^T = (\boldsymbol{B}\boldsymbol{G})(\boldsymbol{B}\boldsymbol{G})^T = \boldsymbol{I} \tag{8-17}$$

由式（8-17）推导可得

$$B = G^{-1} \tag{8-18}$$

在已知有相关性的输入不确定量 W 的前提下，通过正交变换矩阵，可以将其变为不相关的随机变量 Y。因此，通过以上分解变换，可将存在相关性的样本矩阵变换为独立的矩阵，消除负荷、风电和光伏发电之间的相关性，进而通过最坏场景线性叠加的方法求得最坏场景。

8.2.3 模型求解算法

本节所构建的考虑多重不确定性和相关性的鲁棒调度模型是一个大规模、多约束且具有多重不确定性的 NP 难题，为了解决这一求解难题，本小节介绍一种基于 Benders 分解法的多阶段分解算法来对模型进行求解。

传统 Benders 分解法一般是将原问题分解为主次两个问题，而考虑到本模型的特殊性，将原问题分解为一个主问题和两个子问题，主问题为基本场景下的 UC 决策主问题，两个子问题分别为基本场景下的网络安全校核子问题和最坏场景下的鲁棒校核子问题。其整体框架如图 8-1 所示。

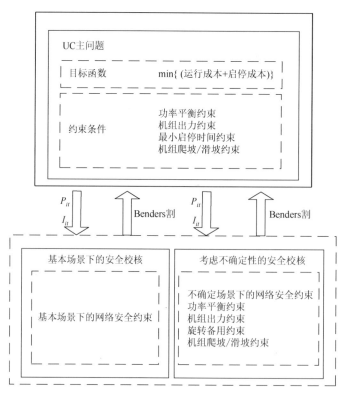

图 8-1 算法总体思路框图

整体流程如下。

（1）求解主问题模型，得到其最优机组组合和出力方案。

（2）将主问题的解分别代入两个安全子问题中进行校验。

（3）若两个子问题有任何一个无法通过校验，则生成相应的 Benders 割。

（4）将生成的 Benders 割返回到主问题中继续寻找新的机组组合和出力方案，并返回步骤（2）；若两个子问题校验均获通过，则迭代停止，输出结果。

1. UC 主问题

UC 主问题包括常规机组组合目标函数、常规约束条件及所生成的 Benders 割。

2. 基本场景下的安全校核子问题

基本场景下的网络安全校核子问题如下，它通过校验 UC 主问题的潮流越限情况来确保调度方案的网络安全：

$$\min \sum_l v_{l,t} \tag{8-19}$$

$$\text{s.t.} \begin{cases} -v_{l,t} \leqslant PL_l^{\max} - \sum_m SF_{l,m} \left(\sum_{i \in U(m)} \hat{P}_{it}^b + \sum_{w \in W(m)} \hat{P}_{wt}^b + \sum_{v \in V(m)} \hat{P}_{vt}^b - \sum_{d \in D(m)} \hat{P}_{dt}^b \right) \lambda_{1,l,t} \tag{8-20} \\ -v_{l,t} \leqslant PL_l^{\max} + \sum_m SF_{l,m} \left(\sum_{i \in U(m)} \hat{P}_{it}^b + \sum_{w \in W(m)} \hat{P}_{wt}^b + \sum_{v \in V(m)} \hat{P}_{vt}^b - \sum_{d \in D(m)} \hat{P}_{dt}^b \right) \lambda_{2,l,t} \tag{8-21} \\ v_{l,t} \geqslant 0 \tag{8-22} \end{cases}$$

式中：$v_{l,t}$ 为松弛变量；$SF_{l,m}$ 为节点功率转移因子；$U(m)$，$D(m)$，$W(m)$ 和 $V(m)$ 分别为常规机组、负荷、风电和光伏发电所在母线集合。

子问题中引入松弛变量 $v_{l,t}$ 的作用是，当约束条件不能满足时，用松弛变量暂时缓解网络安全约束，以保证子问题始终有解。若最终优化得出的 $v_{l,t}$ 大于给定的安全阈值，则表示主问题求得的最优机组组合方案不能满足网络安全约束，需要返回 Benders 割为

$$\sum_l [-(\hat{\lambda}_{1,l,t} - \lambda_{2,l,t})] \cdot \sum_m SF_{l,m} \cdot \left[\sum_{i \in U(m)} (P_{it}^b - \hat{P}_{it}^b) + \sum_{w \in W(m)} (P_{wt}^b - \hat{P}_{wt}^b) + \sum_{v \in V(m)} (P_{vt}^b - \hat{P}_{vt}^b) \right] + \sum_l \hat{v}_{l,t} \leqslant 0 \tag{8-23}$$

3. 考虑不确定性的安全校核

不确定性场景下的安全校核模型如下，它校验在最坏场景 P_{dt}^{worst}，$P_{f,wt}^{\text{worst}}$ 和 $P_{f,vt}^{\text{worst}}$ 下能否满足安全约束：

$$\min v = \sum_t \left(\sum_l v_{1,lt} + v_{2t} + v_{3t} \right) \tag{8-24}$$

$$\text{s.t.} \begin{cases} \sum_m SF_{l,m}\left(\sum_{i \in U(m)} P_{it}^{\text{worst}} + \sum_{w \in W(m)} P_{wt}^{\text{worst}} + \sum_{v \in V(m)} P_{vt}^{\text{worst}} - \sum_{d \in D(m)} P_{dt}^{\text{worst}} \right) - v_{1,lt} \le PL_l^{\max} \tag{8-25} \\[2ex]
-\sum_m SF_{l,m}\left(\sum_{i \in U(m)} P_{it}^{\text{worst}} + \sum_{w \in W(m)} P_{wt}^{\text{worst}} + \sum_{v \in V(m)} P_{vt}^{\text{worst}} - \sum_{d \in D(m)} P_{dt}^{\text{worst}} \right) - v_{1,lt} \le PL_l^{\max} \tag{8-26} \\[2ex]
\sum_i P_{it}^{\text{worst}} + \sum_w P_{wt}^{\text{worst}} + \sum_v P_{vt}^{\text{worst}} + v_{2t} - v_{3t} = \sum_d P_{dt}^{\text{worst}} \tag{8-27} \\[1ex]
\mu_{2,it}, \mu_{1,it} : P_i^{\min} \le P_{it}^{\text{worst}} \le P_i^{\max} \tag{8-28} \\[1ex]
\lambda_{2,it}, \lambda_{1,it} : \hat{P}_{it}^b - R_i^{\text{down}} \hat{I}_{it}^b \le P_{it}^{\text{worst}} \le \hat{P}_{it}^b + R_i^{\text{up}} \hat{I}_{it}^b \tag{8-29} \\[1ex]
\eta_{1,it} : P_{it}^\mu - P_{i(t-1)}^\mu \le UR_i \hat{I}_{i(t-1)}^b + P_i^{\min}\left(\hat{I}_{it}^b - \hat{I}_{i(t-1)}^b \right) + P_i^{\max}\left(1 - \hat{I}_{it}^b \right) \tag{8-30} \\[1ex]
\eta_{2,it} : P_{i(t-1)}^\mu - P_{it}^\mu \le DR_i \hat{I}_{i(t-1)}^b + P_i^{\min}\left(\hat{I}_{i(t-1)}^b - \hat{I}_{it}^b \right) + P_i^{\max}\left(1 - \hat{I}_{i(t-1)}^b \right) \tag{8-31} \\[1ex]
0 \le v_{1,lt}, v_{2t}, v_{3t} \tag{8-32} \end{cases}$$

式中：$\lambda_{1,it}$ 和 $\lambda_{2,it}$，$\mu_{1,it}$ 和 $\mu_{2,it}$，$\eta_{1,it}$ 和 $\eta_{2,it}$ 分别为旋转备用约束、机组容量约束和爬坡约束的对偶变量。

若不能满足安全约束，则返回 Benders 割到主问题，它作为约束条件，使得机组组合和出力方案在最坏场景下的自适应调整满足网络安全约束和功率平衡：

$$\hat{v} + \sum_{t=1}^{NT} \sum_i \left[\left(\hat{\lambda}_{1,it} R_i^{up} + \hat{\lambda}_{2,it} R_i^{down} + \hat{\mu}_{1,it} P_i^{\max} - \hat{\mu}_{2,it} P_i^{\min} \right)\left(I_{it}^b - \hat{I}_{it}^b \right) + \left(\hat{\lambda}_{1,it} - \hat{\lambda}_{2,it} \right)\left(P_{it}^b - \hat{P}_{it}^b \right) \right]$$

$$+ \sum_{t=2}^{NT} \sum_i \left[\hat{\eta}_{1,it}\left(UR_i - P_i^{\max} \right) + \hat{\eta}_{2,it}\left(P_i^{\min} - P_i^{\max} \right) \right] \cdot \left(I_{i(t-1)}^b - \hat{I}_{i(t-1)}^b \right)$$

$$+ \sum_{t=2}^{NT} \sum_i \left[\hat{\eta}_{1,it}\left(P_i^{\min} - P_i^{\max} \right) + \hat{\eta}_{2,it}\left(DR_i - P_i^{\max} \right) \right] \cdot \left(I_{it}^b - \hat{I}_{it}^b \right) \le 0$$

$$\tag{8-33}$$

8.3 基于数据驱动的机组组合问题研究

8.3.1 大数据理论

"大数据"这个词早在 1980 年就被未来学家阿尔文·托夫勒（Alvin Toffler）在其所著的《第三次浪潮》中热情地称颂为"第三次浪潮的华彩乐章"，而这个概念逐渐成为学术界的热点，是在 2008 年 9 月《自然》（*Nature*）杂志推出了名为"大数据"的封面专栏之后。

关于大数据的基本概念，目前众说纷纭，尚未形成统一的定义。维基百科认为：大数据指的是所涉及的数据量规模巨大到无法通过人工在合理时间内达到截取、管理、处理并整理成为人类所能解读的信息；麦肯锡全球研究院（McKinsey Global Institute，MGI）在《大数据：下一个创新、竞争和生产力的前沿》报告中描述：大数据是指无法在一定时间内用传统数据库软件工具对其内容进行获取、管理和处理的数据集合；美国国家标准与技术研究院（National Institute of Standards and Technology，NIST）定义：大数据是数据大、获取速度快或形态多样的数据，难以用传统关系型数据分析方法进行有效分析，或者需要大规模的水平扩展才能高效处理。

目前，大数据在电力行业也尚未形成统一的定义。相对于大数据的技术定义，电力大数据是一个更为广义的概念，并没有一个严格的标准限定多大规模的数据集合才是电力大数据。电力大数据是大数据理念、技术和方法在电力行业的实践。电力大数据涉及发电、输电、变电、配电、用电和调度各环节，是跨单位、跨专业、跨业务的数据分析与挖掘，以及数据可视化[8]。

电力大数据不仅在于包含多大规模的数据，还在于包含哪些方面的数据。电站大数据是针对电力行业发电侧所提出的，是电力大数据的一部分[9]。电站大数据是涵盖电站机组全寿命周期各个环节所产生的数据，包括可在线监测的运行数据、化验数据、人工记录数据、机组设计数据、设备出厂数据、设备检修数据、操作记录和班组记录等电力生产相关的常规数据，也包括各种离线测试和分析数据[10]。

大数据机组建模，则是利用电站机组全寿命周期产生的各种类型数据，采用大数据技术建立数学模型的过程。开展大数据机组建模方法研究是电力大数据研究与发展的重点之一。

电站机组自动化的投入及信息化程度的提高，使得机组拥有丰富的数据资源。某些机组积累的数据虽然还谈不上大数据，但是电站机组中需要大数据技术，并且大数据的研究也不能停止。大数据技术在电站机组中的应用包括以下几方面。

1. 参数预测

电站机组历史数据库中存放了大量的数据，包括在线运行数据、离线测量数据、离线化验数据，以及人为处理的二次数据等。对于一些难以在线测量的参数，可依据积累的大量历史数据挖掘参数之间的相关关系，建立难以在线测量参数与可在线测量参数之间的数学模型，用可在线测量参数反映难以在线测量参数，从而实现其在线预测。例如，煤质发热量和飞灰含碳量是机组性能分析和能耗计算的关键参数，可通过负荷、主汽温度、主汽压力、流量和给煤机转速等在线可控的运行数据参数实现参数预测。另外，基于大数据技术建立某些可在线测量参数的预测模型，可实现对在线测量数据的校准与检验。

2. 状态监测与故障诊断

电力设备是电力生产的基础，对设备运行状态进行监测，并及时发现问题，进行故障诊断与维修，是保证机组安全运行的前提。目前，电站机组状态监测系统的数据采集量大，但信息密度低。设备多数时间处于正常运行状态，异常和故障信息较少，价值密度较低。大数据技术为对这些数据进行有效分析、提取和再利用提供了手段。以往注重对故障的精确判断和定位，而忽视了状态趋势的变化。在线监测技术的应用为机组状态监测提供了实时连续的运行数据，利用这些数据建立数学模型，可以在线反映机组运行状态变化和故障发展趋势。对设备状态进行现场诊断或试验，不仅花费较大，而且不可能随时检测；而采用大数据技术进行数据分析建立模型，不会影响设备运行，可暂时代替检测装置做出判断，为及时排除故障提供依据。

3. 运行优化及控制

机组运行优化是提高机组效率和经济性的重要手段，是对机组状态监测的延续和发展。对机组进行优化控制可确保机组稳定高效运行。电站运行优化以性能计算和能耗分析为基础，通过分析机组运行状况的性能参数和指标，确定性能参数或运行状态对机组经济性的影响。传统的电站运行优化方法是建立精确的机理模型，其计算复杂，变工况下应用受限；优化目标值通常采用设计值、试验值或变工况计算值，但随着机组运行时间的延长及运行状态的变化，优化目标值往往难以达到。大数据技术则可以综合利用机组设备运行状态、运行参数和操作记录等各类数据，从中发现知识，挖掘出最优运行工况，确定优化目标值，进行能耗分析与耗差诊断，指导机组运行调整，及时采取优化控制，为电厂机组经济运行及节能降耗提供指导。例如，根据实际运行数据建立锅炉和SCR系统的优化模型应用到机组实际控制中对 NO_x 排放进行控制，通过模型反馈调整运行参数控制最佳的喷氨量，可以保证 NO_x 排放低于限制，同时减少氨成本。

4. 机组性能评估及决策支持

通过定期地对机组关键运行参数和重要指标进行统计分析，利用大数据技术深度挖掘机组性能信息，可以对机组进行全方位、多层面的评估，为管理人员提供机组运行考评及设备状态调整支持，为决策者提供可参考的机组对标依据。对集团或区域内的机组数据进行综合分析以及对机组进行整体性能评估，可以便于决策者结合经济发展趋势及市场动态对电站机组生产做出合理预测和市场定位。

大数据的"大"包含两个方面：一是样本量增加，二是维数增加，或者两者同时增加，并且样本量和维数的增长速度呈线性或指数型增长。在目前条件下，并行化、分布式计算是一种比较好的解决思路，可以利用多核和多台计算机并行计算的优势处理海量高维数据。并行分布式计算可以是切割大样本数据,也可以是切割特征空间并行化处理,即实现数据分解和变量分组。并行分布式算法是大数据建模算法研究的主要方向。

电站机组系统复杂,实际运行工况多变,传统的系统建模方法已无法满足精度和实时性要求。大数据建模方法从数据出发,依据数据之间的相关关系而非因果关系,构建相关参数之间的数学模型。基于数据模型的快速响应,它能够满足复杂多变的电站机组实时建模需求。依据建模目标可选择不同类型、不同功能的建模方法。例如,参数预测和目标值确定选择回归预测类算法;而故障诊断和状态评价选择分类算法等。

大数据技术与人工智能算法结合是大数据技术发展与应用的趋势,高效的建模算法是大数据技术应用实现的载体。

8.3.2　基于数据驱动的机组组合决策方法

对于传统基于物理模型驱动的机组组合问题,由于模型构建和算法提出都是以机组组合问题的机理研究为前提,输入参数与决策输出之间通过优化模型和求解算法两个阶段构建起物理过程明确、数学逻辑清晰的映射关系。因此,模型和算法一旦确定便无法自行修改和自我学习,对于不同的输入量,只要模型和算法不变,其求解效率和质量都是一样的,不会随着历史数据的积累而提升。于是,在面对不断涌现的理论问题和挑战时,这种方法也就无法满足电力系统快速发展的需要[11]。

而事实上,调度方法一旦用于实际,往往会积累大量结构化的历史数据[3]。从长期来看,机组组合决策也具有一定的重复性,往年积累的历史决策方案对于未来的机组组合决策也具有指导意义。而且实际运行决策数据往往是模型计算与人工修正结合的产物,因此在理论上可以说是考虑了当时所面对的各种影响因素和限制条件。

本小节介绍一种基于数据驱动的机组组合决策方法,不研究其内在机理,而是基于深度学习方法,先通过海量历史数据训练,直接构建已知输入量与决策结果之间的映射关系,然后利用所训练的映射模型进行机组组合决策。基于数据驱动的机组组合决策方法对映射模型的训练是持续进行的,通过历史数据的积累实现对模型的持续性修正,提高其决策效率和精度,从而实现机组组合决策模型的自我进化。两种机组组合决策方法的思路框架对比如图 8-2 所示。

对于不同类型的机组组合问题,可以直接采用基于数据驱动的模型进行机组组合求解,其结构如图 8-3 所示。这种思路相对简单,理论上可以适用于任何类型的机组组合问题,但缺点是需要积累一定的历史数据才能获得较高的计算精度。

基于数据驱动的决策模型的优势在于,其计算精度可以随着训练数据的不断积累而提升;但缺陷在于,如果历史数据较少,那么计算精度无法保障。传统基于物理驱动的机组组合决策的优势在于,计算精度与历史数据无关;但是,如果模型本身比较复杂,那么其求解效率不高,而且在实际应用中,面对不断重复的机组组合决策,其计算效率不会改变。

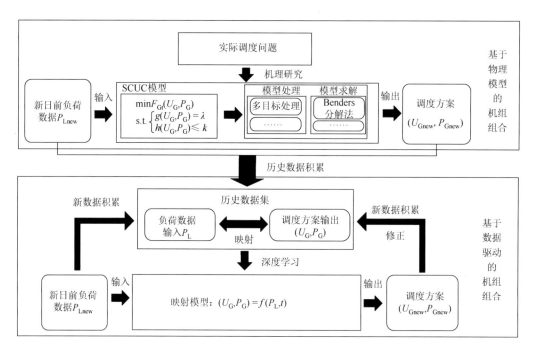

图 8-2　两种决策方法的思路框架对比

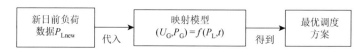

图 8-3　基于数据驱动的机组组合决策框架

因此，对于特定的机组组合问题，可以采用数据驱动模型与物理驱动模型相结合的决策框架，其思路框图如图 8-4 所示。以数据驱动模型的决策结果作为初值，代入物理模型中，并采用需要初值代入的智能进化算法（如粒子群算法和遗传算法等）对所得的初值进行修正。这种思路很好地融合了基于物理驱动模型的机组组合决策与基于数据驱动的机组组合决策的优势，可以在历史数据积累较少的计算初期就获得较高的求解精度。同时，由于是以数据驱动模型的决策结果作为物理驱动模型的计算初值，初值在迭代之前已经接近于全局最优解，可以大大减少智能算法逼近全局最优解的迭代次数，从而提升计算效率。而且，随着历史数据的积累，根据数据驱动模型得到的初值会越来越精确，从而模型的整体计算效率会随着数据的积累而不断提升。但是，如果机组组合问题的类型发生改变，这种思路需要重新研究相应的物理模型和智能算法，因此适用性较低。

图 8-4　数据驱动与物理模型驱动相结合的决策框架

8.3.3　历史数据的聚类预处理

实际电力系统中，短期内和每年同期的日负荷曲线相似度比较高，但是受环境和气候等因素的影响，不同月份、不同季节间的负荷曲线差异较大。湖南省 2015 年 1～3 月的日负荷数据如图 8-5 所示。

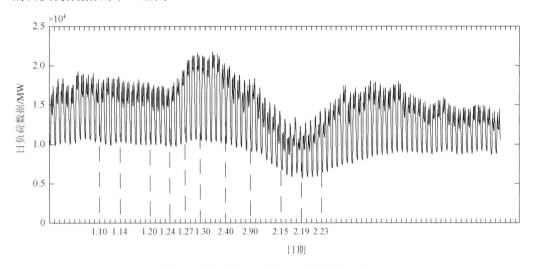

图 8-5　湖南省 2015 年 1～3 月日负荷数据

由图 8-5 可知，即便是在同一个季度中，日负荷曲线都存在较大的差异，1 月 14 日～1 月 24 日的日负荷曲线相似度很高，但在 1 月 27 日～2 月 4 日出现了一个明显的负荷高峰，而在 2 月 15 日～2 月 23 日的日负荷又是一个明显的低谷。如果对所有历史数据不做区分，采用一个深度学习模型进行训练，那么面对差异巨大的历史样本数据，在离线训练过程中将会生成唯一的折中映射模型，难以保证在线决策的精度。鉴于此，在训练前对历史数据进行聚类预处理，对每一组历史数据分别构造一个深度学习模型进行训练，在进行决策时，则先对输入负荷数据的类型进行判断，然后利用对应的映射模型进行求解。其过程如图 8-6 所示。

与传统的分类过程不同，聚类过程是指在样本容量大且数据类别不明确的情况下，对数据进行快速分类。K-means 算法[12]是一种计算效率高、可伸缩性好且应用广泛的聚类算法。该算法通过衡量样本集内不同样本间的相似度来对样本进行划分，最终将相似度高的样本归为一簇。为了对样本进行划分，需要定义能够描述样本间差异的函数。由于历史日负荷是一个 1×96 维时序向量，选用欧氏距离来度量样本点间的相似度。设日负荷数据集为 $\left\{\boldsymbol{P}_{\mathrm{L}1}, \boldsymbol{P}_{\mathrm{L}2}, \cdots, \boldsymbol{P}_{\mathrm{L}p}\right\}$，则两个日负荷数据 $\underset{i \in p}{\boldsymbol{P}_{\mathrm{L}i}} = (P_{\mathrm{L}i1}, P_{\mathrm{L}i2}, \cdots, P_{\mathrm{L}ip})$ 与

$\underset{j \in p}{\boldsymbol{P}_{\mathrm{L}j}} = (P_{\mathrm{L}j1}, P_{\mathrm{L}j2}, \cdots, P_{\mathrm{L}jp})$ 之间的欧氏距离为

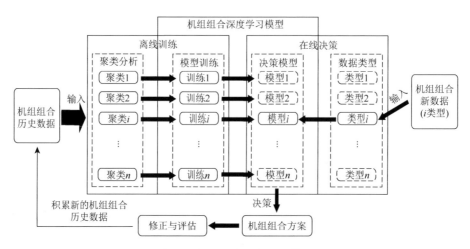

图 8-6　机组组合深度学习模型

$$d(\boldsymbol{P}_{\mathrm{L}i}, \boldsymbol{P}_{\mathrm{L}j}) = \left[\sum_{t=1}^{p} \left(P_{\mathrm{L}it} - P_{\mathrm{L}jt}\right)^2\right]^{1/2} \tag{8-34}$$

K-means 聚类算法先确定聚类中心个数 K 并对其初始化，然后通过计算 $\{\boldsymbol{P}_{\mathrm{L}1}, \boldsymbol{P}_{\mathrm{L}2}, \cdots, \boldsymbol{P}_{\mathrm{L}p}\}$ 与初始设定的 K 个聚类中心 $\{\boldsymbol{u}_1, \boldsymbol{u}_2, \cdots, \boldsymbol{u}_K\}$ 的欧氏距离，将样本划分到距离最近的聚类中心所属的簇 $\{\boldsymbol{C}_1, \boldsymbol{C}_2, \cdots, \boldsymbol{C}_K\}$ 中。其目标函数为

$$CL(\boldsymbol{P}_{\mathrm{L}i}) = \arg\min(\boldsymbol{J}) \tag{8-35}$$

其中，函数 $\boldsymbol{J}$ 为畸变函数，具体为

$$\boldsymbol{J} = \sum_{i=1}^{n} \sum_{k=1}^{K} r_{ik} \left\|\boldsymbol{P}_{\mathrm{L}i} - \boldsymbol{u}_k\right\|^2 \tag{8-36}$$

式中：r_{ik} 为二进制变量，表示 $\boldsymbol{P}_{\mathrm{L}i}$ 是否属于 $\boldsymbol{C}_k$。

通过降低 $\boldsymbol{J}$，使其达到最小时，能够实现以当前聚类中心为基准的样本聚类[13]。因此，可令 $\dfrac{\partial \boldsymbol{J}}{\partial \boldsymbol{u}_k} = 0$，具体求解过程为

$$\frac{\partial \boldsymbol{J}}{\partial \boldsymbol{u}_k} = \frac{\partial\left[\sum\limits_{i=1}^{n} r_{ik}(\boldsymbol{P}_{\mathrm{L}i} - \boldsymbol{u}_k)(\boldsymbol{u}_k - \boldsymbol{P}_{\mathrm{L}i})\right]}{\partial \boldsymbol{u}_k} = 2\sum_{i=1}^{n} r_{ik}(\boldsymbol{P}_{\mathrm{L}i} - \boldsymbol{u}_k) = 0 \tag{8-37}$$

由此可以得到聚类中心的更新公式为

$$\boldsymbol{u}_k = \frac{\sum\limits_{i=1}^{n} r_{ik} \boldsymbol{P}_{\mathrm{L}i}}{\sum\limits_{i=1}^{n} r_{ik}} = \frac{1}{|\boldsymbol{C}_k|} \sum_{i=1}^{n} \boldsymbol{P}_{\mathrm{L}i} \tag{8-38}$$

式中：$|\boldsymbol{C}_k|$ 为集合 $\boldsymbol{C}_k$ 里的元素个数。

由式（8-38）可知，聚类中心的更新是通过该聚类中心所属簇中所有样本求取均值

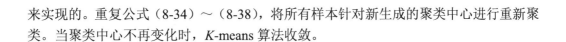

来实现的。重复公式（8-34）～（8-38），将所有样本针对新生成的聚类中心进行重新聚类。当聚类中心不再变化时，*K*-means 算法收敛。

8.3.4　机组组合深度学习模型及其训练算法

1. 机组组合历史映射样本的生成

本小节将一个日负荷数据 $\boldsymbol{P}_L$ 及其对应的机组组合方案 $(\boldsymbol{U}_G, \boldsymbol{P}_G)$ 作为一个映射样本。其中，$\boldsymbol{U}_G$ 为系统发电机组的启停方案，$\boldsymbol{P}_G$ 为系统发电机组的出力矩阵。在一个映射样本中，单台发电机 P_{Gi} 与日负荷 P_L 的关系可用函数 $P_{Gi} = f(P_L, t)$ 描述。其映射关系如图 8-7（a）所示，图中，函数 $P_{Gi} = f(P_L, t)$ 在 $P_L O t$ 平面中的投影即为负荷曲线 $P_L(t)$，在 $P_G O t$ 平面中的投影即为发电机 P_{Gi} 的出力曲线 $P_{Gi}(t)$。

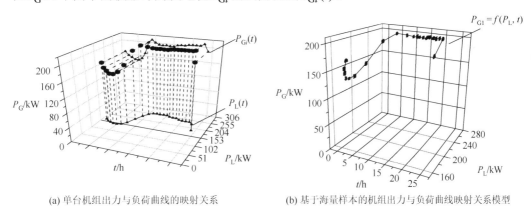

(a) 单台机组出力与负荷曲线的映射关系　　　(b) 基于海量样本的机组出力与负荷曲线映射关系模型

图 8-7　映射模型建模过程

对于发电机 P_{Gi}，深度学习的过程就是通过积累海量的历史映射样本数据，并对深度模型进行训练，从而得到可以描述 P_{Gi} 与 P_L 之间映射关系的映射模型，如图 8-7（b）所示。

2. 基于长短时记忆网络的机组组合深度学习模型的构建

深度学习起源于人工神经网络，其模型通常由多层非线性运算单元组合而成[14]。它将较低层的输出作为更高一层的输入，通过这种方式自动地从大量训练数据中学习抽象的特征表示，以发现数据的分布特征。2014 年至今，深度学习已在人工智能领域取得一系列重大突破，发展出了包括卷积神经网络（convolutional neural network，CNN）、深度置信网络（deep belief network，DBN）和堆栈自编码网络（stacked autoencoder，SAE）等在内的多种模型[15]。由于以上几种模型中，每层的节点相互独立，仅能处理时序不相关数据，而对于日前机组组合这种与时间序列紧密相关的数据，上述模型并不适用。

与传统神经网络结构不同，循环神经网络（recurrent neural network，RNN）的每个神经元都可以按照数据的时序进行展开，即一组输入序列当前的输出与前一时刻的隐藏层输出有关，因而被成功用于处理时序相关数据。但是，由于在面对序列较长的训练数据时，RNN 会出现梯度消失问题，而日前机组组合样本数据的时间序列一般为 96 维，如果直接利用 RNN 构建机组组合输入量与决策结果之间的映射关系，精度方面难以保证。作为 RNN 的一种改进型，LSTM 在神经网络模块中添加了记忆单元、输入门、输出门和遗忘门，进而实现模型对重要信息的记忆，有效解决了 RNN 由于数据序列过长而导致的模型训练过程中梯度消失的问题。因此，本章以 LSTM 为基础，构建机组组合深度学习模型，其结构如图 8-8 所示。

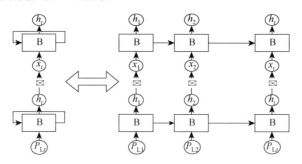

图 8-8　LSTM 模型结构

由图 8-8 可知，LSTM 模型同样采用循环式结构，一个循环式结构可以等价于多个相同结构的线性连接，该结构的个数与时间序列的维度相关，它通过神经网络模块 B 实现对重要信息的记录。神经网络模块 B 的结构如图 8-9 所示。

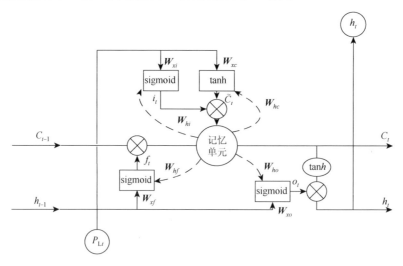

图 8-9　神经网络模块 B 的结构

结合机组组合历史样本数据的特征，构建神经网络模块 B 中遗忘门 f_t、输入门 i_t 和输出门 o_t，以及待更新记忆单元 $\tilde{C}_t$ 状态的具体模型为

$$\begin{cases} f_t = \sigma(\boldsymbol{W}_{xf} P_{\mathrm{L}t} + \boldsymbol{W}_{hf} h_{t-1} + b_f) \\ o_t = \sigma(\boldsymbol{W}_{xo} P_{\mathrm{L}t} + \boldsymbol{W}_{ho} h_{t-1} + b_o) \\ i_t = \sigma(\boldsymbol{W}_{xi} P_{\mathrm{L}t} + \boldsymbol{W}_{hi} h_{t-1} + b_i) \\ \tilde{C}_t = \tanh(\boldsymbol{W}_{xc} P_{\mathrm{L}t} + \boldsymbol{W}_{hc} h_{t-1} + b_c) \end{cases} \tag{8-39}$$

式中：$P_{\mathrm{L}t}$ 和 h_{t-1} 为考虑时间特性的输入量和上一时刻隐藏状态；$\boldsymbol{W}_{xf}$ 为输入量与 f_t 之间的权重系数矩阵；$\boldsymbol{W}_{xo}$ 为输入量与 o_t 之间的权重系数矩阵；$\boldsymbol{W}_{xi}$ 为输入量与 i_t 之间的权重系数矩阵；$\boldsymbol{W}_{xc}$ 为输入量与 $\tilde{C}_t$ 之间的权重系数矩阵；b_f 为 f_t 的偏置参数；b_o 为 o_t 的偏置参数；b_i 为 i_t 的偏置参数；b_c 为 $\tilde{C}_t$ 的偏置参数。

以式（8-39）为基础，分别计算 f_t 与 $t-1$ 时刻记忆单元状态 C_{t-1} 的哈达玛积（Hadamard product，HP）以及 i_t 与 $\tilde{C}_t$ 的哈达玛积，并将求得的结果叠加，得到 t 时刻记忆单元状态 C_t，即

$$\begin{aligned} C_t &= f_t \circ C_{t-1} + i_t \circ \tilde{C}_t \\ &= \sigma(\boldsymbol{W}_{xf} P_{\mathrm{L}t} + \boldsymbol{W}_{hf} h_{t-1} + b_f) \circ C_{t-1} \\ &\quad + \sigma(\boldsymbol{W}_{xi} P_{\mathrm{L}t} + \boldsymbol{W}_{hi} h_{t-1} + b_i) \circ \tan h(\boldsymbol{W}_{xc} P_{\mathrm{L}t} + \boldsymbol{W}_{hc} h_{t-1} + b_c) \end{aligned} \tag{8-40}$$

计算 o_t 与 C_t 的哈达玛积，可得到当前时刻隐藏状态 h_t 为

$$\begin{aligned} h_t &= o_t \circ \tanh(C_t) \\ &= \sigma(\boldsymbol{W}_{xo} P_{\mathrm{L}t} + \boldsymbol{W}_{ho} h_{t-1} + b_o) \circ \tanh[\sigma(\boldsymbol{W}_{xf} P_{\mathrm{L}t} + \boldsymbol{W}_{hf} h_{t-1} + b_f) \circ C_{t-1} \\ &\quad + \sigma(\boldsymbol{W}_{xi} P_{\mathrm{L}t} + \boldsymbol{W}_{hi} h_{t-1} + b_i) \circ \tanh(\boldsymbol{W}_{xc} P_{\mathrm{L}t} + \boldsymbol{W}_{hc} h_{t-1} + b_c)] \end{aligned} \tag{8-41}$$

最后，将 h_t 进行 sigmoid 变换得到网络模块输出值 y_t，其变换过程为

$$y_t = \mathrm{sigmoid}(h_t) \tag{8-42}$$

3. 基于长短时记忆网络的深度学习模型的训练算法

可以采用 Adam 算法[16]对 LSTM 模型进行训练。首先，在前向传播中计算输入信号的乘积及其对应的权重；然后，将激活函数作用于这些乘积的总和。在网络的反向传播过程中回传相关误差，通过计算损失函数对各参数的梯度，并以此为基础对权重参数 $\boldsymbol{W}$ 和偏置参数 b 进行更新，进而实现模型的训练。

选用绝对平均误差（mean absolute error，MAE）作为损失函数，其公式为

$$\mathrm{MAE} = \frac{1}{q} \sum_{t=1}^{q} |z_t - y_t| \tag{8-43}$$

式中：q 为时间序列长度；z_t 为实际值；y_t 为 LSTM 模型在 t 时刻的输出值。

在 LSTM 模型的训练过程中，将 y_t 值和机组组合历史映射样本 $(U_{\mathrm{G}t}, P_{\mathrm{G}t})$ 代入式（8-43），则损失函数为

$$C = \frac{1}{q} \sum_{t=1}^{q} |(U_{\mathrm{G}t}, P_{\mathrm{G}t}) - y_t| \tag{8-44}$$

Adam 算法的权重更新公式为

$$\theta_{t+1} = \theta_t - \frac{\delta}{\sqrt{\hat{v}_t + \varepsilon}}\hat{m}_t \tag{8-45}$$

式中：θ_t 为待更新参数变量；δ 为学习率；ε 为平滑参数；$\hat{m}_t$ 和 $\hat{v}_t$ 为经过误差修正后的梯度带权平均值和梯度带权有偏方差。

$\hat{m}_t$ 和 $\hat{v}_t$ 的具体计算公式分别为

$$\begin{cases} \hat{m}_t = \dfrac{m_t}{1-(\beta_1)^t} \\[2ex] \hat{v}_t = \dfrac{v_t}{1-(\beta_2)^t} \\[2ex] m_t = \beta_1 m_{t-1} + (1-\beta_1)\dfrac{\partial C}{\partial \theta} \\[2ex] v_t = \beta_2 v_{t-1} + (1-\beta_2)\dfrac{\partial^2 C}{\partial \theta^2} \end{cases} \tag{8-46}$$

式中：m_t 为梯度带权平均值；v_t 为梯度带权有偏方差；β_1 和 β_2 为衰减因子。

将式（8-46）代入式（8-45）中，对 LSTM 模型的权重系数和偏置参数进行修正，具体为

$$W_{t+1} = W_t - \frac{\delta}{\sqrt{\dfrac{\beta_2 v_{t-1} + (1-\beta_2)\dfrac{\partial^2 C}{\partial W_t^2}}{1-(\beta_2)^t} + \varepsilon}} \cdot \frac{\beta_1 m_{t-1} + (1-\beta_1)\dfrac{\partial C}{\partial W_t}}{1-(\beta_1)^t} \tag{8-47}$$

$$b_{t+1} = b_t - \frac{\delta}{\sqrt{\dfrac{\beta_2 v_{t-1} + (1-\beta_2)\dfrac{\partial^2 C}{\partial b_t^2}}{1-(\beta_2)^t} + \varepsilon}} \cdot \frac{\beta_1 m_{t-1} + (1-\beta_1)\dfrac{\partial C}{\partial b_t}}{1-(\beta_1)^t} \tag{8-48}$$

式中：W 为 LSTM 模型中各门间权重系数矩阵；b 为 LSTM 模型中偏置参数的集合。

通过对式（8-47）和式（8-48）进行求解，可实现对机组组合 LSTM 模型的训练。

8.4　典型算例

8.4.1　考虑多重不确定性和相关性的机组组合算例

本章以修改的 IEEE 118 节点系统来验证所提模型的正确性。该系统包含 54 台常规火电机组、3 个风电场和 1 个光伏电站。其中，风电场额定功率分别为 100 MW，200 MW

和 250 MW，位于 5,9 和 48 号节点；光伏电站的容量为 300 MW，位于 20 号节点。风电和光伏发电的有功出力曲线如图 8-10 所示。系统中常规机组正旋转备用需求为系统最大负荷的 8%，负旋转备用需求为系统最小负荷的 2%。电网的网络结构和发电机等参数见文献[11]。安全校核子问题校验值的阈值均取 10^{-3} MWh。采用拉丁超立方抽样对负荷、风电和光伏发电出力每小时抽样 100 次，共计 2400 组样本。

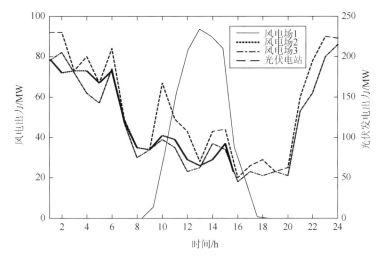

图 8-10　风电和光伏发电出力曲线

1. 结果分析

1）随机变量建模

取某地区实际负荷、风电出力和光伏发电出力的历史数据进行非参数核密度建模，得到其概率密度函数如表 8-1 所示。

表 8-1　各随机变量的概率密度函数

随机变量	概率密度函数
负荷	$\hat{\phi}(P_d)$，$l = 326.7$
风电 1	$\phi(P_{w1})$，$l = 7.5$
风电 2	$\phi(P_{w2})$，$l = 8.8$
风电 3	$\phi(P_{w3})$，$l = 11.9$
光伏发电	$\hat{\phi}(P_v)$，$l = 88.7$

2）最坏场景

以 1 时为例，求取负荷、风电出力和光伏发电出力相关性抽样样本的正交转换矩阵 **B** 为

$$\boldsymbol{B} = \begin{bmatrix} 1 & 0 & 0 & 0 & 0 \\ 0.0588 & 1 & 0 & 0 & 0 \\ -0.1293 & 0.0992 & 1 & 0 & 0 \\ 0.1398 & -0.0820 & -0.2828 & 1 & 0 \\ -0.1959 & 0.0121 & 0.0037 & 0.1473 & 1 \end{bmatrix}$$

结合 8.2 节所提出的方法，求出考虑与不考虑相关性的不确定性因素最坏场景对比结果如表 8-2 所示。

表 8-2　时刻 1 下的最坏场景对比　　　　　　　　　　　　　　　　　（单位：MW）

是否考虑相关性	负荷	风电 1	风电 2	风电 3	光伏发电
不考虑相关性	3744	79	73	97	0
考虑相关性	3596	83	58	83	0

由表 8-2 可知，如果不考虑不确定性因素之间的概率相关性，通过简单线性叠加求出的最坏场景较为保守，这将影响到日前调度决策的经济性。通过本章方法的精确计算可以看出，由于不确定性因素之间存在相关性，这种最坏场景其实是不可能出现的。

3）启停方案

利用 8.2 节所提方法，求出日前机组组合启停方案如表 8-3 所示。

表 8-3　启停方案

机组	时间（1~24 h）
4,36,44	000000111111111111111111
5	000001111111111111111111
7	000000000111111111111111
14	000000000000000001111100
16,34	000000000111111111111000
19	000000000111111111111100
22,23,35,37,48	000000000000000000111110
26,51	000000000000000111111100
30	000000000000000001111000
43	110001111111111111111111
47	000000000111111111111110
52	000000000000000001111110
53	000000000000000111111000
1~3,6,8,9,12,13,15,17,18,31~33,38,41,42,46,49,50,54	000000000000000000000000
10,11,20,21,24,25,27~29,39,40,45	111111111111111111111111

2. 对比分析

1）8.2 节方法与传统方法的经济性对比

为验证 8.2 节所提出方法的有效性和正确性，确立以下两种运行模式。

（1）考虑多重不确定性但不考虑相关性的鲁棒机组组合；

（2）考虑多重不确定性及其相关性的鲁棒机组组合。

分别计算模式 1 和模式 2 下的机组组合决策方案，其结果如表 8-4 所示。

表 8-4　日前调度成本对比结果

是否考虑相关性	不考虑相关性	考虑相关性
成本/美元	1 308 026.00	1 269 376.00

由表 8-4 可知，相较于不考虑多重不确定性因素概率相关性的传统日前调度方法，本章提出的方法使本算例的决策成本降低了约 38 650 美元。其原因是，该方法充分考虑了风电、光伏发电与负荷之间的概率相关性，有效避免了在鲁棒性校核过程中计及不可能发生的极端场景，从而使日前调度决策在保证系统鲁棒性的同时，降低其运行成本。

为进一步分析 8.2 节所提出的方法提升机组组合决策经济性的机理，以 5 号和 24 号两个典型机组在 1 时～5 时的启停状态变化为例进行进一步分析，其结果如表 8-5 所示。

表 8-5　机组启停状态变化

机组编号	爬坡/MWh	不考虑相关性					考虑相关性				
		1	2	3	4	5	1	2	3	4	5
5	150	1	1	1	1	1	0	0	0	0	0
24	100	1	1	1	1	1	1	1	1	1	1
常规机组功率需求/MW		3495	3071	2425	1066	1798	3372	2958	2278	952	1663

由表 8-5 可知，不考虑不确定性因素之间的相关性时，系统在 1 时～5 时持续调用 5 号和 24 号机组；而考虑相关性的鲁棒优化方法进行机组组合决策时，系统在 1 时～5 时仅调用了 24 号机组。其原因是，如果不考虑不确定性因素之间的概率相关性，系统最坏场景下常规机组的功率需求更大，因此需要同时开启 5 号和 24 号机组，以保证系统在不确定性环境下的鲁棒性；而按照 8.2 节所提出的方法，通过精确计算不确定性因素之间的概率相关性，避免在鲁棒校核时考虑不可能出现的极端场景，使系统最坏场景下常规机组功率需求相对较小，且不需要太高的爬坡功率，因此关闭了爬坡较高的 5 号机组，只需开启 24 号机组即可保证系统鲁棒性，而这一决策也将降低系统的运行成本。

2）8.2 节方法与传统方法的效率对比

为比较 8.2 节方法相较于传统方法的优势及其在文献[18]基础上的改进效果，分别采用文献[17]、文献[18]和 8.2 节方法对同一算例进行仿真，并对比其计算效率。由于文献[18]只能考虑两重不确定性因素，本次仿真是在本小节算例基础上仅考虑风电和负荷的不确定性，计算效率对比结果如表 8-6 所示。

表 8-6　计算效率对比

求解方法	CPU 运行时间/s
文献[17]方法	11 520
文献[18]方法	5 147
8.2 节方法	2 252

由表 8-6 可知，文献[17]所提方法计算时间最长，其原因是，在考虑多重不确定性因素时，基于场景的日前调度方法需要对直接抽取的大量场景分别进行机组组合求解，因而计算最为耗时。文献[18]由于采用基于鲁棒优化的日前调度模型，避免对多重场景进行机组组合求解，所以计算效率与文献[17]相比提升了近 123.8%。文献[18]虽然避免在多重场景下求解机组组合问题，但它仍需通过在抽样场景下进行潮流计算来确定最坏场景，而本章提出的基于楚列斯基分解的最坏场景求取方法有效避免了上述问题。因此，与文献[18]相比，8.2 节的方法计算效率又进一步提升了 128.5%。

8.4.2　基于数据驱动的机组组合算例

为验证本章方法的有效性和正确性，以 IEEE 118 节点标准算例和湖南电网实际数据为基础，进行仿真测试。在 IEEE 118 节点算例中，以湖南电网日负荷特性曲线为基础，构造适用于 IEEE 118 节点系统的 31 个典型日负荷样本，其详细数据见附表 A1。

本章基于 LSTM 的机组组合深度学习模型的训练是在 Keras 平台上完成的。引用文献[19]和文献[20]中的方法与本章方法进行对比，上述文献中方法的求解均在 MATLAB 环境下实现。其中，文献[20]中的方法使用 Cplex 12.5 进行求解。

本章事实上提出了两种基于数据驱动的机组组合决策框架，为讨论方便，对两种方法进行如下定义。

（1）基于数据驱动的机组组合决策方法；

（2）数据驱动与物理驱动相结合的机组组合决策方法。

1. 基于数据驱动的机组组合决策方法仿真验证

1）利用方法 1 求解确定性机组组合问题

为验证本章所提方法 1 在面对确定性机组组合问题时的适用性和精确性，将 IEEE 118

节点系统作为测试算例，系统中不包含任何出力具有不确定性的间歇性电源。利用文献[19]所提出的确定性的机组组合决策方法，结合前 30 个典型日负荷数据生成训练样本。

采用不同容量的训练样本集合对本章基于 LSTM 的深度学习模型进行训练，其训练收敛过程如图 8-11 所示。

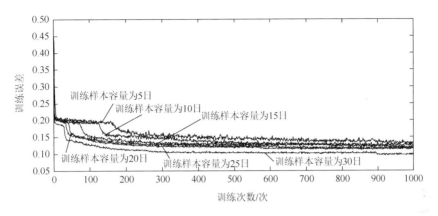

图 8-11　采用不同数量的训练样本时深度学习模型的训练收敛曲线图

由图 8-11 可知，在对基于 LSTM 的深度学习模型进行训练的过程中，其最终收敛时的训练误差与参与训练的样本数量有关，样本数量越多，深度学习模型收敛时的训练误差越小，而且模型的收敛速度也会随着训练样本容量的增加而加快。

采用不同容量的训练样本对本章基于 LSTM 的深度学习模型进行训练，利用所得模型结合第 31 日的负荷数据进行机组组合决策，其训练时间和决策时间如表 8-7 所示。

表 8-7　求解确定性机组组合问题的训练时间和决策时间

训练样本容量/日	训练时间/s	决策时间/s
5	168	0.0360
10	302	0.0348
15	432	0.0312
20	614	0.0289
25	726	0.0237
30	892	0.0178

由表 8-7 可知，基于大数据驱动的机组组合决策方法，其训练时间远大于决策时间。在实际应用过程中，可以采用离线训练、在线决策的模式，从而避免大数据训练过程对其决策效率的影响。此外，由表 8-7 可知，模型的决策时间会受到训练样本容量的影响，样本容量越大，决策时间越短。这是由于更多的样本容量能够提供更多的权重系数 W，可以增加 LSTM 模型的梯度下降方向，使得 LSTM 模型能够正确地找到使模型误差快速下降的方向，进而减少模型的决策时间。

171

在不同样本容量下训练得到基于数据驱动的机组组合决策模型，其决策结果机组启停方案和出力结果如附表 A2 所示，将其与文献[19]的结果进行对比，文献[19]决策结果如附表 A3 所示，求得机组出力的相关度指标如图 8-12 所示。

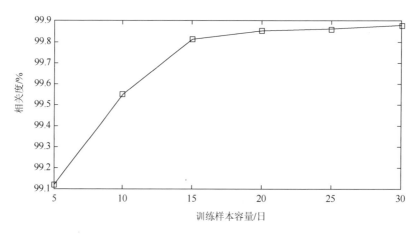

图 8-12　本章方法决策结果的相关度与训练样本容量的关系

由图 8-12 可知，当训练样本个数为 5 时，决策模型的相关度为 99.12%，而训练样本增加至 30 之后，其相关度已经达到了 99.89%。这是由于基于 LSTM 的深度学习模型会在样本积累的过程中进行持续性的自我修正训练，其模型的决策精度会随着训练样本数量的增加而升高。

由附表 A2 可以看出，当训练样本个数达到 20 时，方法 1 求得的机组组合启停方案已经与文献[19]的结果相同，而机组出力相关度也超过 99.8%。因此，当训练样本超过 20 时，方法 1 已经可以获得较高的精度。

计算不同训练样本容量下，方法 1 与文献[19]方法所得的系统总费用对比结果如图 8-13 所示。

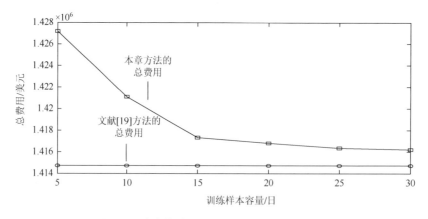

图 8-13　本章算法与文献[19]方法的总费用对比

由图 8-13 可知，文献[19]方法的系统总费用与历史样本数据的数量无关；而本章方法 1 的系统总费用会随着历史训练样本的增加而降低，当训练样本个数为 30 时，其系统总费用与文献[19]相比仅高出约 846.5 美元。这也表明，与传统基于物理模型驱动的机组组合决策方法相比，本章基于数据驱动的机组组合决策方法在历史样本数据积累的过程中，具有自我学习和自我进化的特性。

2）利用方法 1 求解不确定性机组组合问题

为验证方法 1 在应对不同类型机组组合问题时的适用性，对 IEEE 118 节点算例进行修改，将 14 号节点修改为出力具有随机性的风电机组，风电机组出力服从正态分布，具体数据如附表 A4 所示。利用文献[20]中不确定性的机组组合决策方法结合前 30 个典型日负荷数据生成训练样本。

在不同样本容量下训练得到基于数据驱动的机组组合决策模型，利用其结合第 31 日负荷数据进行机组组合决策，所得机组启停方案和出力结果如附表 A5 所示，将其与文献[20]的结果进行对比，求得机组出力的相关度指标和系统总费用如图 8-14 所示。文献[20]决策结果如附表 A6 所示。

由图 8-14 可知，在面对不确定性的机组组合问题时，基于方法 1 所求决策结果的相关度会随着训练样本容量的增加而升高，当样本容量为 30 时，相关度最高可达99.99%；而基于方法 1 所求决策结果的系统总费用会随着样本容量的增加而降低，当样本容量为 30 时，总费用最低为 1 380 434.00 美元。

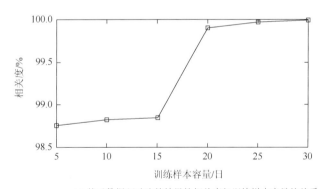

(a) 基于数据驱动决策结果的相关度与训练样本容量的关系

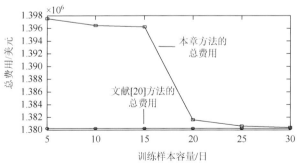

(b) 本章方法与文献[20]方法的总费用

图 8-14　求解不确定性机组组合问题的决策精度

173

上述结果表明，在面对不确定性机组组合问题时，本章方法同样具有自我进化和自我学习的特性。

为验证方法 1 在面对不同类型机组组合问题时的适用性，分别利用文献[19]中的确定性机组组合决策方法、文献[20]中的不确定性机组组合决策方法和方法 1 对含风电的 IEEE 118 节点算例进行求解，负荷为第 31 日数据，其系统总费用及在风电最坏场景下的系统功率缺额如表 8-8 所示。

表 8-8 功率缺额情况对比

求解方法	功率缺额/MW	总费用/$
文献[19]中的方法	75.13	1 351 269.00
文献[20]中的方法	0	1 380 260.00
方法 1	0	1 380 434.00

由表 8-8 可知，采用文献[19]方法所得的系统总费用最低，但是由于它是确定性的机组组合决策方法，没有考虑系统中风电机组出力的随机特性，当风电出力随机变化时，系统会出现功率缺额，也就无法保证系统运行的安全可靠性。在风电机组按最大幅度随机变化时，基于文献[19]的方法和本章方法所得的调度方案都可以保证系统不出现功率缺额，且两种方法下产生的系统总费用相近。

可见，在面对不确定性的机组组合问题时，传统的确定性的决策方法已经不再适用，如果按照基于物理驱动的思路，这时需要对传统的模型和算法进行修正和重构，提出类似于文献[19]的不确定性的机组组合决策方法，研究周期长，过程复杂。因此，基于物理驱动的机组组合决策在面对不同类型的机组组合问题时，适用性较低。

而本章基于数据驱动的机组组合决策方法，在面对确定性机组组合问题和不确定性机组组合问题时，都表现出了良好的适用性。这是由于本章方法是从数据角度出发，不研究机组组合的内在机理，而是基于深度学习方法，利用海量历史决策数据训练，直接构建已知输入量与决策结果之间的映射关系。就这一点而言，只要能够保证样本容量和质量，本章基于 LSTM 的深度学习模型就可以拟合任意一种机组组合决策模型，其适用性较高。

综上所述，在直接利用基于数据驱动的机组组合决策方法进行决策时，虽然需要积累一定的历史数据才能获得较高的计算精度，但是在面对各种类型的机组组合问题时，这种方法具有很高的适用性。而在电力系统实际运行过程中，调度决策往往需要面对各种复杂因素和突发状况的影响，仅仅使用数学模型，是无法精确描述所有影响因素和突发状况的。因此，在长期的实际运行中，调度人员常常需要对系统的决策结果做大量的修正工作，如此一来，不仅会积累大量的结构化样本数据，而且这些数据还是模型计算与人工修正结合的产物。此时，如果以这些海量数据为基础，直接应用基于数据驱动的机组组合决策方法，可以在数据积累的过程中，利用其自我进化和自我学习的特性，有效应对各种复杂因素和突发状况的挑战。可见，本章方法在实际工程中具有较为广阔的应用前景。

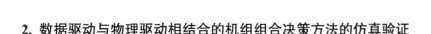

2. 数据驱动与物理驱动相结合的机组组合决策方法的仿真验证

为验证本章所提方法 2 的有效性，利用其对确定性机组组合问题进行求解。将基于 LSTM 的深度学习模型的决策结果作为初值代入文献[19]的物理模型中，利用文献[19] 的粒子群算法进行最终求解。算例依然是不加修改的确定性 IEEE 118 节点系统，为了模拟调度系统连续使用 31 天的过程，将 31 个典型日负荷数据分别代入方法 2 模型中进行求解，同时将所得的决策结果作为历史训练数据对模型进行积累性训练。其第 31 天的机组组合方案及出力计划如附表 A3 所示。决策系统连续使用天数不同时，其对第 31 天进行决策的计算时间和系统总费用与文献[19]方法的结果对比如表 8-9 所示。

表 8-9　基于数据驱动与基于物理驱动的决策时间

使用天数/日	本章算法决策时间/s	文献[19]决策时间/s	本章算法的总费用/美元	文献[19]总费用/美元
5	53.438 8		1 414 722.00	
10	49.059 5		1 414 722.00	
15	46.988 1		1 414 722.00	
20	43.803 9	196.306 4	1 414 722.00	1 414 722.00
25	41.140 2		1 414 722.00	
30	37.719 8		1 414 722.00	

由表 8-9 可知，就求解精度而言，由于方法 2 采用文献[19]中的方法对其深度学习模型的决策初值进行了修正，其机组组合决策结果和系统总费用与文献[19]方法的结果相同。这表明，本章将数据驱动方法与物理驱动方法结合的思路，可以保证在训练样本较少的时候，就能够获得较高的决策精度。

就求解效率而言，文献[19]方法的求解时间与决策系统的使用时间无关，为 196.3064 s。而本章方法的决策效率高于文献[19]，而且，方法 2 使用的时间越长，其计算时间越短，决策效率越高。这说明本章方法可以在数据积累的过程中，通过自我学习和自我进化，逐步提升计算效率。为进一步分析形成该特性的理论原因，分析本章方法和文献[19]方法的迭代过程，如图 8-15 所示。

由图 8-15 可知，文献[19]所采用 PSO 算法的迭代过程较长，这是由于该方法的初值是随机设置的，需要经过较长的迭代寻优过程，算法才能够收敛。由本章方法的迭代曲线可以看出，由于以数据驱动模型的决策结果作为物理驱动模型的计算初值，初值在迭代之前已经接近于全局最优解，可以大大减少算法逼近全局最优解的迭代次数，从而提升计算效率。而使用时间越长，数据积累越多，数据驱动模型的计算精度就会越高，其得到的初值也会越精确，而后续粒子群算法的迭代计算次数也就会越来越少。这是本章方法的计算效率随着使用时间的增加而提升的主要原因。

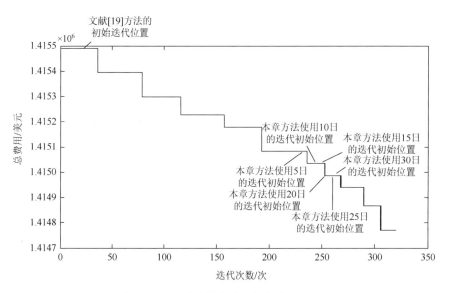

图 8-15　两种决策方法迭代曲线对比图

综上所述，将基于数据驱动的决策方法与文献[19]基于物理驱动的方法组合使用，以前者的计算结果为初值，对后者进行修正计算，很好地解决了在训练样本较少时，基于数据驱动的决策方法精度较低的问题。同时又能够利用基于数据驱动的决策方法自我进化的特点，在不断积累历史数据的过程中提升计算效率。对于某些复杂的机组组合问题，其求解往往十分困难，对于此类问题，人们往往都是从算法入手，致力于寻求一种更为高效的计算方法。而本章提出的这种求解方法，不对算法进行改进，而是从数据入手，在长期使用过程中通过自我进化来提升计算效率，为复杂机组组合问题的求解提供了一种新的思路，具有较为广阔的应用前景。

3. 基于实际电力系统的仿真验证

基于 IEEE 118 节点的标准算例无法模拟在较长调度周期内的各种负荷特征。因此，本章从湖南电网 2015 年 1~4 月的调度数据中选取 30 日的日负荷数据作为训练样本（不包含用于测试的典型日）进行测试，对本章模型进行数据聚类预处理的必要性进行验证，具体日负荷数据详见附表 A7。分别利用经过聚类预处理和未经过聚类预处理的样本数据对本章基于 LSTM 的深度学习模型进行训练，并用所得模型对 2015 年 4 月 28 日的日负荷数据进行机组组合决策。其火电机组出力曲线如图 8-16 所示。

由图 8-16 可知，如果不对历史数据进行聚类预处理而直接对深度学习模型进行训练，其计算求得的机组出力结果与实际数据相差较大；而对训练样本数据进行聚类预处理后，所得模型的计算精度更高。这是由于如果对所有历史数据不做区分，采用一个深度学习模型进行训练，那么面对差异巨大的历史样本数据，会在离线训练过程中生成唯一的折中映射模型，难以保证在线决策的精度。

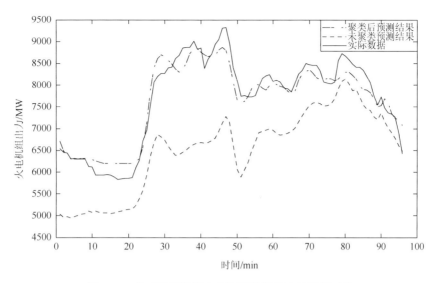

图 8-16 基于聚类数据和未聚类数据的决策结果对比

本章参考文献

[1] DAI C X，WU L，Wu H Y. A multi-band uncertainty set based robust SCUC with spatial and temporal budget constraints[J]. IEEE Transactions on Power Systems，2016，31（6）：4988-5000.

[2] 盛四清，李亮亮，刘梦. 考虑多重不确定因素的含风电场低碳经济调度[J]. 现代电力，2016，33（2）：77-83.

[3] 杨楠，叶迪，林杰，等. 基于数据驱动具有自我学习能力的机组组合智能决策方法研究[J]. 中国电机工程学报，2019，39（10）：2934-2946.

[4] 税月，刘俊勇，高红均，等. 考虑风电不确定性的电热综合系统分布鲁棒协调优化调度模型[J]. 中国电机工程学报，2018，38（24）：7235-7247，7450.

[5] WU Z，ZENG P L，ZHANG X P，et al. A Solution to the chance-constrained two-stage stochastic program for unit commitment with wind energy integration[J]. IEEE Transactions on Power Systems，2016，31（6）：4185-4196.

[6] 于晗，钟志勇，黄杰波，等. 采用拉丁超立方采样的电力系统概率潮流计算方法[J]. 电力系统自动化，2009，33（21）：32-35.

[7] 杨楠，崔家展，周峥，等. 基于模糊序优化的风功率概率模型非参数核密度估计方法[J]. 电网技术，2016，（2）：335-340.

[8] 张东霞，苗新，刘丽平，等. 智能电网大数据技术发展研究[J]. 中国电机工程学报，2015，35（1）：2-12.

[9] 彭小圣，邓迪元，程时杰，等. 面向智能电网应用的电力大数据关键技术[J]. 中国电机工程学报，2015，35（3）：503-511.

[10] 闫湖，狄方春，袁荣昌，等. 电网智能调度中的大数据及应用场景研究[J]. 电力信息与通信技术，2014，12（10）：7-12.

[11] DING T，YANG Q R，LIU X Y，et al. Duality-free decomposition based data-driven stochastic security-constrained unit commitment[J]. IEEE Transactions on Sustainable Energy，2019，10（1）：82-93.

[12] 林俐，潘险险，张凌云，等. 基于免疫离群数据和敏感初始中心的 K-means 算法的风电场机群划分[J]. 中国电机工程学报，2016，36（20）：5461-5468，5722.

[13] ATTAVIRIYANUPAP P，KITA H，TANAKA E，et al. A hybrid LR-EP for solving new profit-based UC problem under competitive environment[J]. IEEE Power Engineering Review，2002，22（12）：62.

[14] LECUN Y，BENGIO Y，HINTON G. Deep learning[J]. Nature，2015，521（7553）：436-444.

[15] HOCHREITER S，SCHMIDHUBER J. Long short-term memory[J]. Neural Computation，1997，9（8）：1735.

[16] KINGMA D P，BA J. Adam：A method for stochastic optimization[C]. International Conference on Learning Representations，2015.

[17] 冉晓洪，苗世洪，刘阳升，等. 考虑风光荷联合作用下的电力系统经济调度建模[J]. 中国电机工程学报，2014，34（16）：2552-2560.

[18] HU B，WU L，MARWALI M. On the robust solution to SCUC with load and wind uncertainty correlations[J]. IEEE Transactions on Power Systems，2014，29（6）：2952-2964.

[19] 李整，谭文，秦金磊. 一种用于机组组合问题的改进双重粒子群算法[J]. 中国电机工程学报，2012，32（25）：189-195.

[20] WU H Y，SHAHIDEHPOUR M. Stochastic SCUC solution with variable wind energy using constrained ordinal optimization[J]. IEEE Transactions on Sustainable Energy，2014，5（2）：379-388.

附　　表

由于附表 A1～A7 数据较多，无法详细展示给读者，具体数据通过百度网盘链接分享给读者。

链接：https://pan.baidu.com/s/1j5WA8AoLRDq00bHn1WvXdg

提取码：dkj8